U0290601

推动高强钢筋应用工作需要处理好几个问题

1995年,原建设部和冶金部开始联合推广应用新型钢筋。经过10多年努力,取得了一定成效。

根据我国现行标准规范,在混凝土结构中,高强钢筋使用量理论上可以达到钢筋总用量的70%。发达国家非预应力钢筋多以400MPa、500MPa为主,甚至600MPa,其用量一般占到钢筋总量的70%~80%。这表明我国推广应用高强钢筋潜力很大。考虑到两大行业生产、应用、研发等实际情况,两部门经过认真研究,确定到"十二五"末期,在建筑工程中高强钢筋使用量至少要达到钢筋总用量65%,这是一个经过努力可以实现的目标;明确推广应用技术路线为:加快淘汰335MPa、优先使用400MPa、积极推广500MPa螺纹钢筋。

推广应用高强钢筋涉及不同行业、不同主体和多个环节,需要统筹兼顾、协同配合,妥善处理好以下问题。

(一)供给和需求问题　丰富市场供给,满足工程需要,是推广应用高强钢筋的基础,发挥市场配置资源基础性作用,通过合理制度安排,改善市场环境、规范市场秩序,平衡供需、引导价格。

(二)市场机制与政府引导问题　要坚持通过市场机制推动高强钢筋应用,发挥企业主体地位和积极性,保障市场供应、调节供需平衡。

(三)全局利益与局部利益问题　生产单位和应用单位要有大局观,从全局利益的高度出发,兼顾对方诉求,共同做好工作。

(四)技术先进性与经济适用性问题　不是所有建筑结构和构件都要使用高强钢筋,也不是使用钢筋强度越高越好,要坚持以节材为核心,以结构安全为前提,科学可靠、经济合理地使用。

(五)全国推广与重点示范问题　"十二·五"期间应用高强钢筋的指导思想、主要目标和重点任务,是综合分析全国情况后提出的。各地要根据本地区应用高强钢筋基础条件,实事求是制定各自目标:基础好的地区,如400MPa螺纹钢筋应用水平高的城市,可积极应用500MPa,力争提前实现全国工作目标;基础差一些的城市要循序渐进,推广应用以400MPa为主;有抗震设防要求的地区,要推广高强抗震钢筋。

摘自《提高认识　狠抓落实　推动高强钢筋应用工作实现新突破》

——住房和城乡建设部副部长　陈大卫

图书在版编目(CIP)数据

建造师 21／《建造师》编委会编. — 北京：
中国建筑工业出版社，2012.6
ISBN 978-7 - 112 - 14282 - 8

Ⅰ.①建 … Ⅱ.①建 … Ⅲ.①建筑工程—丛刊
Ⅳ.①TU - 55

中国版本图书馆 CIP 数据核字(2012)第 093582 号

主　　编:李春敏
特邀编辑:李　强 吴　迪
发　　行:杨　杰

《建造师》编辑部
地址:北京百万庄中国建筑工业出版社
邮编:100037
电话:(010)58934848
传真:(010)58933025
E—mail:jzs_bjb@126.com

建造师 21
《建造师》编委会　编
*
中国建筑工业出版社出版、发行(北京西郊百万庄)
各地新华书店、建筑书店经销
北京朗曼新彩图文设计有限公司排版
世界知识印刷厂印刷
*
开本:787×1092 毫米　1/16　印张:8¼　字数:274 千字
2012 年 6 月第一版　　2012 年 6 月第一次印刷
定价:18.00 元

ISBN 978-7 - 112 - 14282 - 8
　　　　　(22352)

本社书籍可通过以下联系方法购买：

本社地址：北京西郊百万庄

邮政编码：100037

发行部电话：(010)58934816

传真：(010)68344279

邮购咨询电话：

(010)88369855 或 88369877

《建造师》顾问委员会及编委会

2011~2012年我国国民经济运行与绿色发展
——国民经济运行回顾与展望

韩　孟

（中国社会科学院经济研究所，北京 100836）

摘　要：2011 年我国经济增速向预定目标回调，经济运行稳定。绿色经济方面包括节能降耗、污染减排、转型淘汰、能力建设逐步推进。同时，经济运行中存在突出矛盾和问题，国际方面，2011 年全球经济增长恢复迟缓，主权债务和通货膨胀问题持续发酵；全球生态环境问题、气候变化重大事件影响世界经济运行。国内经济运行与转型发展中，价格波动制导因素持续纷扰，各类价格指数上涨幅度明显；结构调整、企业发展、节能减排压力大，循环经济、低碳经济、绿色经济动力不足。

2012 年，世界经济复苏艰难，不安定因素增多，天气异常等挑战性因素冲击难以排除。我国经济发展面临形势复杂，经济运行的制约因素顽强存在，国民经济与可持续发展任务艰巨。对策思考：培育绿色经济，促增长调结构。建议以信息化科技手段装备服务三农；以工业转型与绿色经济良性互动促进中小企业发展；探索代际互助创新、发挥智慧优势，探索养老助老与生态恢复环境治理的工程衔接，深化国民经济结构调整，增加经济运行的绿色内涵，提升经济增长的绿色质量，加快落实科学发展。

关键词：国民经济，绿色经济，回顾展望，对策思考

一、宏观经济形势：我国经济增速向预定目标回调

1.基本情况

（1）国内生产总值，国家统计局初步测算，2011年中国经济比上年增长了9.2%。四个季度增速分别为9.7%、9.5%、9.1%、8.9%。

（2）农业方面：全国粮食总产，2011 年达 11 424亿斤，比上年增加 495 亿斤。粮食总产连续 5 年达万亿斤以上，连续 8 年增产。粮食单产，2011 年再创历史新高，预计达到 344.4 公斤，比上年提高 12.8 公斤，8 年提高 55.6 公斤，年均提高 7 公斤，是新中国单产提高最快的时期之一。

（3）固定资产投资：1 月至 11 月份，固定资产投资(不含农户)269452 亿元，同比增长 24.5%，增速较1~10 月回落 0.4 个百分点。

分产业看，1~11月份，第一产业投资 6 256 亿元，同比增长 28.8%；第二产业投资 118 054 亿元，增长

27%；第三产业投资 145 142 亿元，增长 22.4%。1~11月份，工业投资 115 046 亿元，增长 26.8%；其中，采矿业投资 9 945 亿元，增长 19.4%；制造业投资 92 239 亿元，增长 31.5%；电力、燃气及水的生产和供应业投资12 861 亿元，增长 4.4%。

从施工和新开工项目情况看，1~11 月份，施工项目计划总投资 609 910 亿元，同比增长 19.5%；新开工项目计划总投资 223 005 亿元，同比增长 24%。

1 月~11 月，全国房地产开发投资 55483 亿元，同比增长 29.9%。住宅投资 39 857 亿元，增长 32.8%。全国商品房销售面积 89 594 万 m²，增长8.5%。住宅销售面积 79 639 万 m²，增长 7.5%。全国商品房销售额49 047 亿元，增长 16.0%。房地产开发企业本年资金来源 75208 亿元，增长 19.0%。

（4）M₂ 货币供应量，11 月份、10 月份、9 月份、8月份、7 月份，同比增长分别为 12.7%、12.9%、13.0%、13.5%、14.7%。

（5）消费品市场情况，1~11 月份，社会消费品零

售总额163 486亿元，同比名义增长17%(扣除价格因素实际增长11.4%)。

(6)居民消费价格变动情况：全国居民消费价格总水平(CPI)，全年同比上涨5.4%，为三年来最高。12月，CPI同比涨幅为4.1%，为15个月以来新低。

(7)工业生产者价格，2011年工业生产者出厂价格比上年上涨6.0%，工业生产者购进价格比上年上涨9.1%。1~11月平均，工业生产者出厂价格同比上涨6.4%，工业生产者购进价格同比上涨9.7%。

(8)工业增加值，规模以上工业生产运行情况，1~11月份，规模以上工业增加值同比实际增长14.0%(为扣除价格因素的实际增长率)。

全国规模以上工业企业实现利润，1~11月份累计46 638亿元，同比增长24.4%，增幅回落。1~11月份，在规模以上工业企业中，国有及国有控股企业实现利润13 543亿元，同比增长13.5%；集体企业实现利润759亿元，同比增长32.5%；股份制企业实现利润26 905亿元，同比增长29.9%；外商及港澳台商投资企业实现利润12 062亿元，同比增长10%；私营企业实现利润13 830亿元，同比增长46.2%。在39个工业大类行业中，36个行业利润同比增长，3个行业同比下降。主要行业利润增长情况：石油和天然气开采业利润同比增长35.4%，黑色金属矿采选业增长59.1%，化学原料及化学制品制造业增长35%，化学纤维制造业增长2.5%，黑色金属冶炼及压延加工业增长15.4%，有色金属冶炼及压延加工业增长53.1%，交通运输设备制造业增长14.2%，石油加工、炼焦及核燃料加工业下降97.8%，通信设备、计算机及其他电子设备制造业下降1.5%，电力、热力的生产和供应业下降8.3%。规模以上工业企业实现主营业务收入759 338亿元，同比增长28.2%。每百元主营业务收入中的成本为84.98元，主营业务收入利润率为6.14%。

(9)全国国有及国有控股企业(简称国有企业，包括中央企业和36个省自治区、直辖市、计划单列市国有及国有控股企业。中央企业包括：中央部门所属的国有及国有控股企业及118户中央管理企业，以上均不含国有金融类企业)，全年主要经济效益指标同比保持增长，增幅呈现逐步回落态势。

主要经济效益指标中，1~12月，营业总收入，国有企业累计实现营业总收入367 855亿元，同比增长21.5%。实现利润：国有企业各月累计实现利润总额22 556.8亿元，同比增长12.8%；累计实现净利润16 932.6亿元，其中归属于母公司所有者净利润11 460.8亿元。盈利能力：国有企业成本费用总额为34 8981.3亿元，同比增长22.4%。其中：营业成本同比增长22.9%，销售费用、管理费用、财务费用同比分别增长13.9%、14.7%和33.6%。主要行业盈利情况，同比看，实现利润增幅较大的行业为：化工、建材、电子、有色、烟草，实现利润同比降幅较大的行业为：交通、钢铁、医药、电力。

(10)海洋经济，初步估算，2011年全国海洋生产总值预计将突破4.3万亿元，比去年增长13.1%，全年新创造的就业岗位将达70万个。为助推沿海经济发展，国家海洋局安排2万公顷的海域用于填海造地，启动25个海域海岸带综合整治项目，资金总额5.6亿元，公布了176个可开发利用的无居民海岛，选划了7个国家级海洋公园，新批了7个临时海洋倾倒区，减免了34个公益用海项目的海域使用金共达7552万元。

(11)对外开放，外贸进出口情况：海关总署海关统计，2011年，我国外贸进出口总值36 420.6亿美元，比2010年同期增长22.5%，外贸进出口总值刷新年度历史纪录。其中，出口18 986亿美元，同比增长20.3%；进口17 434.6亿美元，同比增长24.9%。贸易顺差1 551.4亿美元，比上年净减少263.7亿美元，收窄14.5%。

(12)国际收支：2011年前三季度，我国国际收支经常项目顺差1 412亿美元，资本和金融项目顺差(不含净误差与遗漏)2 501亿美元；国际储备资产增加3 754亿美元。第三季度，我国国际收支经常项目、资本和金融项目继续呈现"双顺差"，国际储备资产继续增加。经常项目顺差534亿美元，资本和金融项目顺差(不含净误差与遗漏)662亿美元。外汇储备，9月份(当月月度末统计数字)为3.2017万亿美元。

(13)吸收外商直接投资：2011年，全年实际使用外资1 160.11亿美元，同比增长9.72%；新批设立外商投资企业27 712家，同比增长1.12%。

亚洲十国/地区(香港、澳门、台湾省、日本、菲律宾、泰国、马来西亚、新加坡、印尼、韩国)对华投资，

1~11月,新设立企业20 234家,同比增长3.53%;实际投入外资金额895.85亿美元,同比增长17.98%。

欧美对华投资,1~12月,整体呈现出了下降的趋势。其中美国实际投入外资金额29.95亿美元,同比下降26.07%;欧盟27国实际投入外资金额63.48亿美元,同比下降3.65%。1~11月,美国对华投资新设立企业1 361家,同比下降4.02%,实际投入外资金额27.39亿美元,同比下降23.05%;欧盟27国对华投资新设立企业1 554家,同比增长4.23%,实际投入外资金额59.82亿美元,同比增长0.29%。

对华投资前十位国家/地区(以实际投入外资金额计),1~11月,依次为:香港(683.52亿美元)、台湾地区(62.45亿美元)、日本(59.38亿美元)、新加坡(52.94亿美元)、美国(27.39亿美元)、韩国(23.36亿美元)、英国(15.57亿美元)、德国(11.06亿美元)、法国(7.64亿美元)和荷兰(7.25亿美元),前十位国家/地区实际投入外资金额占全国实际使用外资金额的91.6%。

(14)就业局势:2011年,全国城镇新增就业1 221万人,完成全年900万人目标的136%。城镇失业人员再就业553万人,完成全年500万人目标的111%。就业困难人员实现就业180万人,完成全年100万人目标的180%。2011年底,城镇登记失业率为4.1%。

(15)居民收入:国家统计局公布数据,2011年城镇居民人均可支配收入比上年名义增长14.1%,农村居民人均纯收入比上年名义增长17.9%。人力资源和社会保障部农民工工资支付专项检查取得明显成效。据不完全统计,截至2012年1月13日,共检查用人单位16.25万户,涉及职工人数1 024.21万人,其中农民工人数678.11万人。检查发现存在拖欠工资问题的用人单位1.4万户,为58.52万农民工补发工资及赔偿金19.52亿元。

(16)公共财政收入支出方面:财政收入,2011年累计达103 740亿元,比2010年增长24.8%,创历史新高;全年财政收入增长走势,各季度增长33.1%、29.6%、25.9%、10%。财政收入中,税收收入为89 720亿元,同比增长22.6%。其中,工业增加值增长13.9%,固定资产投资增长23.8%,社会消费品零售总额增

长17.1%,进出口总额增长22.5%。非税收入14 020亿元,同比增长41.7%。

全国排污收费额,2011年,全国除西藏外共向近44万户排污单位征收排污费202亿元,同2010年相比,金额增加24.3亿元,增幅为13.6%。

全国财政支出,2011年1~12月累计108 930亿元,同比增加19 056亿元,增长21.2%。财政支出结构优化,加大支持力度,切实保障和改善民生。其中,教育支出16 116亿元,比上年增加3 566亿元,增长28.4%;医疗卫生支出6 367亿元,比上年增加1 563亿元,增长32.5%。

(17)能源消费与供应方面,国家能源局数据,1~11月,全国全社会用电量42 835亿千瓦时,同比增长11.85%,第一产业用电量945亿千瓦时,增长3.77%;第二产业用电量32 065亿千瓦时,增长12.13%;第三产业用电量4 658亿千瓦时,增长13.74%;城乡居民生活用电量5 167亿千瓦时,增长10.05%。

2.绿色经济方面,包括节能降耗、污染减排、转型淘汰、能力建设逐步推进

节能减排方面,2011年前三季度单位国内生产总值能耗下降幅度1.6%,氮氧化物排放总量上升7.2%。

我国单位工业增加值能耗,"十一五"期间累计下降超过25%,"十二五"期间目标再降低20%。2011年前三季度,全国规模以上工业企业单位工业增加值能耗同比下降2.56%。

淘汰落后产能方面,2011年公告的2 255家企业落后生产线基本关停,全年任务完成。

主要污染物总量减排核查核算方面,环境保护部年底召开年度主要污染物总量减排核查核算视频会议,部署2011年主要污染物总量减排核查核算工作,强调年度核查既了解工作部署情况和重点项目进展,又与上半年减排数据相衔接并准确核算全年排放量变化情况;部署现场核查工作和重金属规划考核工作;明确各地普遍关心的问题:排放基数、宏观数据来源、淘汰减排量认定、管理减排量认定、国家认定的减排比例与地方差异、减排目标分配以及减排考核责任等。

二、经济运行中突出矛盾和问题

1.国际因素影响

(1)2011 年,全球经济增长恢复迟缓,主权债务和通货膨胀问题持续发酵。

发达经济体仍处于经济危机阴影中,增长乏力,增速处于较低水平、物价水平基本稳定、失业率居高、国家主权债务问题严重。

美国经济复苏缓慢,产业空心化与失业和收入分配问题凸显。美国商务部数据,2011 年美国全年贸易逆差 11.6%,达 5 580 亿美元,为 2008 年以来最高水平。其中,对中国的贸易逆差扩大 8.2%,至 2 955 亿美元,创纪录高点。

欧债危机给《里斯本条约》之后的欧洲一体化的前景增添复杂变数。2 月欧盟统计局数据,2011 年三季度末,欧元区 17 国债务占国内生产总值(GDP)比例由二季度末的 87.7%降至 87.4%,欧盟 27 国债务占 GDP 比例由二季度末的 81.7%上升至 82.2%。截至三季度末,希腊债务占 GDP 的比例达 159.1%,而 2010 年三季度末为 138.8%。2011 年三季度末,欧盟成员国中负债率较高的国家包括希腊、意大利、葡萄牙与爱尔兰,其债务占 GDP 比例分别为 159.1%、119.6%、110.1%和 104.9%;负债率较低的国家包括爱沙尼亚、保加利亚和卢森堡,其债务占 GDP 比例分别为 6.1%、15%和 18.5%。

新兴经济体经济增速较快,但复苏势头总体放缓,同时面临通胀压力,资产泡沫与通货膨胀压力持续增大,金融问题向实体经济渗透,控通胀与保增长政策两难。

数据显示,2011 年前 10 个月,新兴市场经济体的消费物价指数呈劲升格局,巴西、俄罗斯、印度、中国、越南分别累计上涨 7.74%、5.20%、10.40%、5.55%、21.8%。为遏制通货膨胀,各国采取收缩货币政策,自 10 月起,物价上涨势头减缓,周期性通胀缓慢见顶。

2011 年全球大宗商品价格走势,上半年延续上年惯性冲高,下半年回落。源于战争压力,石油表现强势。

(2)全球生态环境问题、气候变化事件:上半年,遭遇干旱、地震、海啸与核灾;下半年,遭遇洪水及区域城乡环境问题,影响经济运行。地震和洪水显示了区域生态环境问题与全球供应链薄弱环节的相关性。

2012 年初,极寒天气影响着欧亚两洲,灾情严重,生产流通消费受阻。极寒和极暖天气的成因,一是源于全球大气环流异常变动,为长周期变化所导致;二是源于人类活动,为排放温室气体等导致。面对灾变,需要全球通力协作,互通信息,把握气候趋势,研究抵御极端天气的对策,建立预警机制。绿色经济、低碳经济在倒逼模式中缓慢前行。

2.国内经济运行与转型发展中的重要问题

(1)价格波动制导因素持续纷扰,各类价格指数上涨幅度明显。

物价总水平波动幅度频度增高,居民消费价格指数连续 9 个月上涨率在 5%以上,消费品价格中,食品价格波动突出,多类农产品轮番上涨。物价周期性波动深层次原因依旧。

技术进步在生产领域逐步渗透,知识产权产品及服务愈趋多样化,农业生产依赖于知识产权的购买,农业生产资料知识产权化使农业生产成本攀升居高。农业籽种、农药化肥等生产资料生产的规模化、成本低、利润高效益厚。而农民则逐步成为知识产权产品及服务的被动使用者,成为生产领域的简单劳动者。现行家庭经营模式劳动生产率持续稳定,现代农业的自主创新尚未呈现足够的跟进,同时,传统农耕农艺的保持与传承和发扬越来越有限,农民很难成为生产领域的高端劳动力资源。无论农产品产量高低,难以保障减产增收或增产增收,难以保障生产收益增长。

农业生产领域,市场供求信息网络系统尚未进入农户,分散的农户、个体的经营与各异的消费需求尚未沟通,农民生产存在盲目性。农副产品流通领域,渠道不足不畅,环节丰富,成本趋高,农副产品及服务进入消费市场价格攀升。

进入 21 世纪,纯生物能类型的劳动力资源逐渐消耗萎缩,企业超低位劳动力成本模式逐步过时。随着劳动力资源的教育含量和劳动生产率的提升,以及劳动报酬的恢复性调整,劳动力成本正逐步趋向适度合理。超低成本的经营习惯与厚利模式,致使行业企业心理压力超重,掣肘提升转型等级。

同时,各类资源价格亦随着其稀缺性以及环境污染程度而攀高,难以逆转。土地资源的稀缺,逐步调高各行各业经营成本。

通胀压力来源于成本推动与应对性信贷规模，更源于输入性外部冲击。西方国家应对金融危机、债务危机而采用的财政货币政策，影响世界经济并冲击中国市场。物价问题，在国际国内长短期因素以及自然因素的共同作用下凸显。

(2)结构调整、企业发展、节能减排压力大，循环经济、低碳经济、绿色经济动力不足。

在经济增长与资源短缺以及生态环境问题之间总量关系难以协调的困境下，经济结构失衡，复杂而沉重。在需求方面、要素依赖方面年度表现仍然突出，转型压力增大。中小企业发展持续纠结于融资、用工、创新。

劳动力结构中，随着人力资本投入加大，劳动年龄人口中，具有国民教育体系学历人口比重提升，劳动力科技素质提升、技能知识含量显著增长。在行业企业与劳动力资源之间，优化匹配成为双向选择的重点。

人口结构中，随着人口高龄化的推进，退休人口比重增大，个体生理心理衰弱残障问题增多，群体智慧与经验资源丰富，如何养老与开发利用高龄人力资源成为经济课题，成为调整结构、促进增长的重要内容。

节能减排和生态建设方面，能源消耗仍偏高，环境污染仍严重，一些地区污染排放严重超过环境容量，节能减排形势十分严峻，单位国内生产总值能耗下降幅度低，氮氧化物排放总量上升。2011年前三季度，单位国内生产总值能耗仅下降1.6%，氨氮排放量下降0.9%，氮氧化物排放量不降反升7.2%。固体废物、危险废物、持久性有机物等持续增加，重大环境污染事件时有发生。农村和土壤环境问题日益凸显，水土流失、草原退化等生态问题十分突出，部分地区资源环境承载能力接近极限。

经济因素引发自然禀赋衰退或灾变；进而，自然禀赋异常或异动，影响城市运行与区域发展，影响交通运输和能源供应，影响农业生产农民收入。这种结构失衡的核算模式，使工业和城镇成为排污行业与领域，使环保服务成为被动应对巨大外部社会成本和被迫处置污染事件的综合部门。"三高"模式仍为增长动力，阻碍产业行业转型发展，引发污染依赖性加剧生态经济恶性循环。

三、应对思考

1.展望与挑战

(1)世界经济复苏艰难不稳定因素增多、天气异常因素冲击难以排除。

世界银行《全球经济展望》强调全球经济的不确定性和脆弱性，下调增长预期。预测2012年和2013年，全球经济增速分别为2.5%和3.1%，发达国家经济增速分别为1.4%和2%，发展中国家增速分别为5.4%和6%。联合国经济与社会事务部《2011年世界经济形势与展望》的各项指标显示全球经济2011年与2012年两年以平均3%的增长率缓慢发展。国际劳工组织《2012年全球就业趋势报告》统计，2011年，有7 480万15岁到24岁的人没有工作。在实体经济中创造就业成为全球经济第一要务。

经济增长放缓影响全球贸易活动和大宗商品价格变动。世界银行预测，全球贸易额2012年增长4.7%，低于2011年的6.6%，低于1991年至2011年以来5.5%的平均增幅。全球能源价格与粮食价格以及资产价格波动依然是影响世界经济稳定运行的因素之一。

危机预期依然沉重。全球经济处于困难阶段，严重衰退的忧虑尚存。各类国家应对危机的财政和货币政策空间受限，难以财政资源出台大规模刺激政策，难以给予金融机构数目庞大的资金支持。发展中国家在资本和金融方面获得的支持将下降，贸易机会减少，影响倚重商品出口的发展中国家的收支平衡，经济繁荣时期诸多隐性问题将暴露。为应对风险做准备，面临充满不确定性的经济环境，发展中国家需要评估自身的脆弱性，并准备应急方案以应对短期和长期挑战，经济增长需要更多地从发展中世界寻找动力，探索驱动力新路径新模式，化危机为契机。

现阶段，金融业和信息行业推动经济复苏和增长的能力不足，能源变革存在契机。美国推行"绿色新政"以期引领全球新能源方式。通过开发使用新能源新方式，摆脱国民经济对石油的依赖，并将新能源产业化作为未来实体经济发展的支撑点。中国专家有关煤地下气化工程技术优势受到英国相关领域的重视，已体现于文献分享技术借鉴。日本亦加大探索新能源研发的支持力度,并将绿色IT服务提供给各行各业,开拓领先优势。

同时,重化工业将步入绿色道路。以化学工业为例,其发展方向,首先形成可持续、安全的化工循环发展链条,进而步入具有相对弹性、客户化的绿色经济发展道路。新兴市场的需求增长良好,处于相对优势的发展状态,但在化学工业的创新上仍旧落后;发达国家将通过高效的节能技术大幅削减碳排放量,以及通过巨大的创新投资发展新型技术,创新发展的不平衡性在2012年将继续扩大。

在自然气候与极端天气方面,2012年初,欧亚遭遇寒潮,澳大利亚遭遇洪水。全球全年"天气异常"与"自然异常"的不确定性难以排除。

在经济运行放缓阶段,绿色经济增长依然是全球经济恢复和发展方式转型坚持推进的重要任务目标。对策方面,欧盟区已将低碳税,作为改革措施与开征金融交易税同时推出。

(2)2012年国民经济与可持续发展任务展望。

我国经济社会发展主要预期目标序列中,2012年国内总体经济增速回落,但仍运行在平稳较快的增长区间内。国内生产总值(GDP)预计增长,在8.0%至10%范围,以"8.2至8.5%"和"8.5至9%"为两个预估中心区间。

各省市自治区对2012年GDP的增长做出预期,其公布的预期目标超过全国年度GDP增长目标。多省份提出GDP翻番目标,28个省市区中增长预期在12%的有8个,预期高于10%的为19个省。内蒙古15%,贵州14%,重庆13.5%。

国际货币基金组织(IMF)2月报告预测:2012年中国经济增长8.25%;预计年平均通货膨胀率为3.25%左右;预计年投资增长率约为9.4%,年消费增长率约为9.6%,出口对经济增长的贡献率将下降至−0.9%。面对世界经济放缓的形势,中国经济增速有所下降,将继续成为全球经济增长的亮点。

中国社会科学院课题组预测:国内生产总值(GDP)2012年增长8.9%;全社会固定资产投资425 150亿元,实际增长率15.4%,占GDP比例78.9%;社会消费品零售总额212 070亿元,实际增长率11.3%;进口总额20 940亿美元,进口增长率

20.4%;出口总额22 290亿美元,出口增长率17.3.%,外贸顺差1 350亿美元;居民消费价格指数上涨率4.6%;商品零售价格指数上涨率4.0%;投资品价格指数上涨率6.4%;城镇居民人均可支配收入实际增长率7.8%;农村居民人均纯收入实际增长率8.5%;财政收入118 530亿元,增长率17.3%;财政支出130 550亿元,增长率18.6%;新增贷款76 660亿元;新增货币发行8 690亿元;各项贷款余额631 340亿元,增长率13.8%。

国家生态恢复环境保护工作,努力不欠新账、多还旧账,加大水、空气等污染治理力度。加大提供技术保障、装备保障为全面取缔所有排污口,全面推进水源地环境整治做准备;开展京津冀、长三角、珠三角等重点区域大气污染联控机制建设。坚持城乡统筹、梯次推进,加强面源污染防治和农村环境整治。严格实施重金属污染综合防治规划,减少重金属污染的危害。加大风险隐患排查和评估力度,充实应急救援物资和装备,合理调整化工企业空间布局,严格化学品生产管理,堵塞运输安全漏洞,防范化学品环境污染事件。

在工业节能减排方面,规模以上工业企业单位工业增加值能耗,"十二五"期间目标降低20%。2012年,工业和信息化部将强化技术和标准支撑,完善政策机制,抓好试点示范,预期目标为:单位工业增加能耗降5%,二氧化碳排放量降5%以上,单位工业增加值用水量下降7%。

淘汰落后产能,工业和信息化部确定年度目标任务,将完善界定落后产能的环保、能耗标准,促进形成上大压小、减量或等量置换机制,推动利用市场手段淘汰落后产能。此外,加强工业投资项目节能评估和审查,严控"两高"和产能过剩行业盲目扩张。

面对复杂多变的国际经济发展格局和国内经济增长的压力和动力变化,既有模式与格局转变,重在行动。

2.对策思考:促增长调结构,培育绿色经济

坚持通过年度经济运行,推进绿色增长、绿色行业、绿色服务。

以信息化科技手段装备服务三农,以工业转型与绿色经济良性互动促进中小企业发展,探索代际

互助发挥创新优势,推进生态恢复环境治理,深化国民经济结构调整,增加经济运行的绿色内涵,提升经济增长的绿色质量,加快落实科学发展。

(1)增强资金投入、组织技术培训,开展专业合作与信息运作,以三农为平台,深化信息化运用,发展现代农业、践行绿色经济、提高农产品供给。"三农"向社会提供具有各地原生态特色的农副产品,提供生态旅游资源,提供生态养老环境基地及服务。

探索电子信息产品、电子商务与三农生产流通消费的全方位多领域的纵深结合与系统融合。例如对每一亩基本农田提供基础土壤水文气象数据,提供实时卫星定位专项服务支持。构建"三农信息"产供销网络系统,以利于市场供求关系的常规调整,以助于供需双方对市场的准确判断与优选决策。进而推进行业互动,促其成为国民经济增长的内生动力。

(2)培育绿色商业健康力量,促进中小企业绿色发展。

绿色商业健康力量方面,建议在国民经济战略层面,构建绿色经济基础,构筑中国商业健康力量的绿色、科学、文化、民生平台。

建议整合政府部门、行业管理、团体资源,建立中小企业发展信息资源库;按规模、等级、专业,提供国家级"资源、生态、环境"系列达标指南,提供绿色宏观指导;定期发布转型升级绿色发展专题信息,传递动态绩效和经验教训;组织引导领域交叉多元业态绿色互动,推进各类中小企业,跨行业、区域提供分类别多层次的绿色经贸服务;筹划创建中小企业绿色银行;构建绿色立信、绿色诚信评级机制和绿色后评估机制。

(3)发挥各个年龄段人口的代际优势,探索代际互动丰富创新管理与技术运用,探索"养老助老"与"生态恢复环境治理"的工程衔接,深化国民经济结构调整。

建议挖掘"20后、30后、40后"科技人员研发成果,帮助他们实现科技和社会凤愿,向各行各业提供无偿咨询服务,探索代际互助经济发展。

同时,将助老与老有作为、社区养老、生态养老不同模式衔接;将助老服务与养老消费供需对接;将"助老养老"与"恢复生态治理污染"、"陆海统筹城乡互动"、"城镇绿色规划和房地产结构优化"、"繁荣经济增加就业探寻新的经济增长点"等等,整合系统运作。

在恢复生态与环境治理方面,前一二代人在就业阶段为生态失衡环境污染做出贡献,进入退休阶段则需要为恢复生态治理污染做些力所能及的贡献。自己参与治理亲手制造的污染,这种治理方式具有可操作性和教育传承意义。第三四代人亦会受到教育并收到实惠。

参考文献

[1]国家统计局发布数据.

[2]国家发展和改革委员会发布信息.

[3]人力资源和社会保障部发布信息.

[4]财政部和国家税务总局发布信息.

[5]中国人民银行发布信息.

[6]工业和信息化部发布信息.

[7]国家环境保护总局发布信息.

[8]商务部发布信息.

[9]海关总署发布信息.

[10]中国社会科学院等课题组信息.

[11]新华网信息.

[12]中国经济信息网信息.

[13]世界银行(World Bank)信息.

[14]国际货币基金组织(IMF)信息.

[15]联合国经济与社会事务部《2011年世界经济形势与展望》.

[16]国际劳工组织《2012年全球就业趋势报告》.

[17]"商业健康力量",可理解为:国民经济中具有绿色内涵与可持续发展模式导向的商业能力与运作,或市场运作能力,它适应资源节约、生态恢复和环境保护的要求,以及全球化发展和长期经济增长的时代要求。基于此,各类型分层次的微观主体着力关注、培育并提升商业健康力量,进而以"商业绿化国民经济、贸易绿化世界"为理念,开展商业作为或市场运作。

(课题咨询组:安东建、程福祜、初滨、高梁、韩璐、贾利、康桂珍、李志宁、宋晓砚、万金华、王文光、王佐、王旭辉、熊必俊、张宝印、郑东亮、朱铭、庄英翘)

六个视角看中美贸易不平衡问题

刘日红，刘若愚

中美贸易不平衡是在经济全球化背景下产生的。中美两国作为经济全球化的重要参与者，在双边贸易额迅速增长的同时，贸易差额也经历了从中方逆差到顺差的转变。据中方统计，从1979年到1992年的14年里，中方对美贸易一直为逆差，自1993年起转为顺差，2010年顺差达到1 813亿美元。中国对美贸易顺差的产生，其原因是多方面的。既有两国要素禀赋差异、国际分工等原因，也受到现行统计制度、美国对华贸易政策等因素影响，仅仅依据贸易统计来评价两国间的贸易状况是远远不够的。看待中美贸易不平衡，必须从多个角度着眼，全面、辩证、客观地去分析。

一、全球分工视角：中国对美顺差主要是国际分工带来的"转移性顺差"

当代国际贸易的一个重要特征是产品生产的全球化。随着资本流动加快和物流成本下降，跨国公司针对不同国家要素特点将产品分割生产，以实现成本最小化和利润最大化。由于全球性生产需要商品零部件多次往复流动，对传统贸易收支理论的内涵带来深刻变化：贸易收支与其中实际隐含的贸易福利越来越不对等，贸易收支黑字国家未必享有相应的贸易增值利益，贸易收支赤字国家也未必在贸易中受损。从宏观意义上看，贸易盈余国家创造的出口收入和海外需求并不归顺差国独享，而是为参与全球生产分工价值链的各方共享，而分享的利益大小关键要看各参与方的增值能力。当前中美贸易不平衡正是在东亚(中国)生产-美国消费的全球循环背景下形成的，是全球分工演进推动贸易收支

重新分布的必然结果。

自上世纪70年代以来，美国绝大多数年份对外贸易都是逆差，但是逆差来源随着产业转移的方向不同而不断改变。从东亚方面来看，先是日本从上世纪60年代开始，成为美国市场重要商品提供者，其后依次是亚洲四小龙、东盟和中国。但同作为生产单元，中国的作用与其他经济体有很大不同。就日本来讲，主要依靠自身技术和资金力量发展生产，没有经历大规模的外来资本和产业流入过程，因此日本增长模式对整个区域的整合作用相对较小。而亚洲四小龙等经济体由于经济规模小，对周边拉动作用也有限。中国改革开放使数亿劳动力参与国际分工制造，真正把亚洲特别是东亚整合成为巨大的生产和加工链条，从而使亚洲和美国的资金和商品循环成为现实。中国大量承接欧美、日本和亚洲"四小龙"等地区的产业转移，逐步发展成为世界主要的加工制造业基地。中国从这些地区进口原材料和零部件，加工成制成品后再出口到美国等地，导致这些地区对美国的顺差部分转变为中国对美国的顺差。观察上世纪80年代以来美国、中国、日本及"四小龙"贸易收支变化曲线，可以看出大致呈现以下规律：中国对美国顺差上升与四小龙、日本对美国顺差下降基本吻合；美国对中国逆差增多与对四小龙、日本逆差下降基本吻合；四小龙、日本对中国顺差增多与对美国顺差下降基本吻合。

造成以上现象的根本原因是全球分工格局下产业内、产品内贸易的大量增加。根据日本经济产业省《2010年度通商白皮书》数据，从电子产品的分工和贸易格局看，1998~2008年，日本对中国大陆电

子零部件出口扩大了3.2倍,韩国对中国大陆出口扩大了10.9倍,台湾地区扩大了4.9倍,而中国对欧美最终电子产品出口扩大了5.9倍。美国贸易逆差的地区结构同样反映了这种分工格局变化。据美国普查局数据,2001年,美国对华贸易逆差占全部逆差的比重为20%,2010年上升到43%,10年间上升了23个百分点,但整个东亚地区在美国逆差中的比重没有大的变化,2001年是45%,2010年则仍然维持在45%左右。这说明,美国对东亚贸易逆差的总体状况基本保持不变,只是在不同国家间发生了变化。

二、出口管制视角:美国对华出口管制形成中美"逆比较优势"的商品进出口格局

根据要素禀赋理论,国际贸易中一国总是出口本国要素相对丰腴的产品,进口要素相对稀缺的产品,通过商品流动实现对要素的最优配置,从而提高贸易双方的生产效率和国民福利。美国是资本、技术密集型国家,而中国劳动力资源相对丰富,按照传统贸易理论模型,双方贸易模式应当是中国自美国进口资本、技术密集型产品,对美国出口劳动密集型产品。但是根据中国商务部统计,在高技术产品贸易上美国对中国长期处于逆差地位,即出现了反常的"逆比较优势"现象。这种现象的形成,除了产品内分工因素外,还有一个重要原因是受到美国现行出口管制制度的影响。美国出于意识形态和安全战略考虑,从"巴黎统筹委员会"到"瓦森纳安排",对中国长期实行出口管制政策,致使大量美国对华出口机会被人为限制。国际金融危机爆发以来,美国政府提出要改革出口管制体系,以提高管制的针对性和有效性,扩大出口、提振经济。2011年6月16日,美国商务部正式公布并实施《战略贸易许可例外授权规定》。新规定中,可享受许可例外待遇的国家和地区由草案中的164个缩减为44个,共分两档。第一档为英国、德国等36个国家,主要为美国的盟国;第二档为8个国家和地区,包括阿尔巴尼亚、以色列、香港、印度、马耳他、新加坡、南

非和台湾地区;其余120个国家和地区为第三档。第一档国家自美进口管制物项时,无论军事或民用用途,凡属于国家安全、生化武器、核不扩散、地区稳定、犯罪控制等六大受控原因的,均可享受许可例外,无需办理出口许可证;第二档的国家和地区,属于国家安全受控原因的,无论军事或民用用途,亦可享受许可例外。中国、俄罗斯均被列入第三档国家,属于严格管控国家。

关于出口管制政策对中美贸易的扭曲后果,中美双方评估并不完全一致。美国贸易谈判代表办公室、美国商务部认为,由于实施出口管制的商品金额仅占中美双边贸易总额的不到2%,不能由此认为出口管制是导致中美贸易不平衡的重要因素。但在中国方面看来,出口管制的负面影响主要不在于具体限制的商品金额,而在于导致中美高技术产品贸易潜在机会的流失,很多中国用户不得不转从其他国家和地区进口。据中国商务部估计,仅航空发动机1项,由于受美国出口管制政策限制,美国企业的潜在损失就达10亿美元。据中方统计,2001年至2009年,中国自欧盟进口高新技术产品增长160%,自日本进口增长213%,而自美国进口仅增长98%。中国高技术产品自美国进口比重从2001年的18.3%,下降到2009年的7.5%。如果按2001年的进口比例推算,2009年美国对华出口至少损失330亿美元。

三、统计口径视角:商品在流通过程中的增值导致美国对华逆差被高估

中美两国在逆差统计数字上存在差异。按照中方统计,2010年美方对中国逆差为1 813亿美元,美方统计为2 731亿美元,双方相差918亿美元。为了深入研究双方统计存在的差异因素,2009年中国商务部与美国商务部、美国贸易谈判办公室共同组成研究小组,选取2000、2004及2006年作为基准年,对双方统计差异情况进行了分析。根据本文作者参与研究调查情况看,当前中美贸易统计的最大差异来自东向贸易(即中方统计的中国对美出口数据和美方统计的美国自中国进口数据的差异),其差异额

约占中美贸易统计差额的80%~90%。而且东向贸易统计差异额随着双边贸易规模的增长而不断扩大。2000~2006年，美国自华进口从1001亿美元增加到2878亿美元，增长291%。同期，东向统计差异从480亿美元扩大到843亿美元。产生统计差异主要包括三种情形：一是当货物经过第三方转口时被深加工、再包装或转卖加价而产生增加值；二是中国企业在出口报关时不知道美国为其货物的最终目的地，报作对中转地出口，但美方按照原产地规则计作自中国的进口；三是在对美加工贸易出口中，中国企业通常只负责接单生产，不掌握设计、运输、销售等环节，美方进口报关价格高于中方出口报关价格，进而推高中方顺差。综合以上因素，美方统计的中美贸易逆差额大体上比实际情况高估了26%左右。按此推算，2010年美国对华贸易逆差将降至2 021亿美元，比美方公布数据少710亿美元。

四、人民币汇率视角：中美之间加工贸易占主导地位的贸易格局使汇率对贸易收支的调整效果被明显弱化

在传统贸易收支理论中，贸易收支调整可以通过价格调节来实现，即通过汇率变动来影响商品、劳务和金融资产的价格，进而恢复国际收支平衡，其中比较有代表性的是国际收支弹性分析理论，该理论最早是由英国经济学家马歇尔在20世纪30年代提出的，后经过梅茨勒、罗宾逊、麦克勒普和哈伯勒等人的努力逐渐发展完善。国际收支弹性分析法是在国内外价格不变的前提下，采用弹性分析汇率变化对国际收支的影响。货币贬值对经常项目收支有两种效应：一是价格效应，在国内价格不变的情况下，本国货币贬值意味着本国出口商品以国外货币表示的价格下降；在国外商品的国内价格不变的情况下，本国货币贬值同时也意味着进口商品以本国货币表示的价格上升；二是贸易量效应，即出口价格的下降会导致本国出口额增加，进口价格的上涨会导致进口的减少。两种效应共同发挥作用，决定经常项目变化。具体在什么样的弹性条件下货币贬值会改善贸易收支，主要是看马歇尔·勒纳条件($|e X + e X| > 1$)。长期以来，美国官方和学界正是从传统国际收支理论出发，认为人民币汇率低估是造成中美贸易不平衡的根本原因，多次施压要求人民币升值。

弹性分析法的一个重要条件是本币升值或贬值不会改变国内价格，而只是改变贸易双方的相对价格。这是基于贸易品主要由贸易双方各自生产、贸易品价格只是由贸易双方各自国内供需条件所决定的暗含前提。然而在当代国际贸易中，随着国际分工的深化发展，贸易品的构成来源越来越复杂，某个贸易品可能包含着多个国家的生产部件，特别是对于商品最终组装方来说，由于商品价格中包含着自多个国家进口配套的零部件成本，使得进出口对于汇率变化的弹性大大降低。根据中国商务部调查，目前中国对美国出口增长最快的机械、电子、光学仪器、鞋类、玩具等产品，85%以上是美国、日本、韩国等国的跨国公司委托加工的，计算机产品99.9%是美国、日本等国企业委托加工的，这些商品在中国国内的平均增值率在10%~20%左右。按照弹性分析理论，假如人民币兑美元汇率大幅度升值，加工贸易项下出口商品价格上涨部分和进口价格下降部分将相互抵消，人民币汇率升值的价格效应将主要体现在国内增值部分，但由于增值环节在商品价格中只占到10%~20%，因此汇率升值的价格效应并不明显。实际情况也证明了这一点。2005年至2008年，人民币对美元累计升值21.1%，同期美国贸易逆差占国内生产总值的比重平均为5.9%，对华逆差年均增长21.6%。相反，2009年人民币对美元汇率保持基本稳定，而美国贸易逆差占国内生产总值的比重从2008年的5.7%降至3.5%，对华逆差下降16.1%。数据表明人民币汇率升值与美国对华贸易逆差没有明显的相关关系。

亚洲开发银行研究院2010年12月16日公布了一份研究报告。报告认为，随着全球化和国际分工发展，瓦解了旧的生产体系，塑造了新的分工格局，以到岸价格和离岸价格为基础的旧有贸易统计方式不能反映全球生产链，特别是在计算贸易增加

值、区分加工贸易和一般贸易方面，既有统计方式掩盖了贸易利益的分配真相。以苹果手机为例，按照目前的国际贸易统计制度，2009年，中国对美国出口苹果手机20.2亿美元，中国有19亿美元顺差。但实际上在1部总制造成本179美元的苹果手机中，包含了日本生产的闪存和触摸屏等59美元、韩国生产的信息处理器等23美元、德国生产的全球定位系统等30美元、美国提供的蓝牙技术等11美元，以及其他材料成本等48美元，在中国实际增值部分只有6.5美元(见表1)。

iPhone3G的主要零部件和成本　　表1

制造商	零部件	成本(美元)
东芝(日本)	闪存	24.00
	显示器模块	19.25
	触摸屏	16.00
三星(韩国)	应用处理器	14.46
	SDRAM-Mobile	8.50
英飞凌(德国)	Baseband	13.00
	摄像模块	9.55
	射频收发器	2.80
	GPS接收器	2.25
	Power IC RF Function	1.25
博通(美国)	Bluetooth/FM/WLAN	5.95
恒忆(美国)	Memory MCP	3.65
村田制作所(日本)	FEM	1.35
Dialog Semiconductor (德国)	Power IC Application	1.30
Cirrius Logic(美国)	Audio Codec	1.15
其他材料成本		48.00
全部材料成本		172.46
组装成本		6.5
总制造成本		178.96

如果扣除从其他国家进口的零部件价值，2009年中国对美国出口苹果手机的金额就不是20.2亿美元，而是0.73亿美元，中国因此产生的对美国的贸易顺差也不是19亿美元，而是逆差0.48亿美元(见表2)。如果人民币兑美元汇率在现在水平上升值20%，由于在整部苹果手机中中国组装成本只有6.5美元，随着人民币汇率升值中国组装成本也将上升20%，即增加1.3美元，这在苹果手机500美元的

零售价中完全可以忽略不计，因此人民币升值不能改变以加工贸易为主的中美贸易流向。按照中国商务部调查，目前中国对美国出口中加工贸易占60%左右，在产业链分工中，中国处于利润最薄的加工组装环节，只获得少量加工费，而产品设计、核心零部件制造、运储和营销等环节的大量利润被包括美国企业在内的跨国企业获得。因此从价值链角度看，中美货物贸易是顺差在中方，而好处则为参与全球分工的各方共享。

中美iPhone贸易额和顺差　　表2

年份	2007	2008	2009
在美国的销售量(百万台)	3.0	5.3	11.3
中国的出口单价(美元/台)	229	174	179
中国的出口额(亿美元)	6.87	9.22	20.22
中国的顺差(亿美元)	—	—	19.01
中国基于增加值的出口额(亿美元)	0.19	0.34	0.73
增加值/总出口	2.8%	3.7%	3.6%
中国基于增加值的顺差(亿美元)	—	—	-0.48

五、美国消费支出视角：中国产品在美国消费支出中所占比重微不足道

近日，美国旧金山联邦储备银行高级经济学家海尔(Galina Hale)和研究顾问霍布金(Bart Hobijn)发表题为《"中国制造"中的美国成分》的研究报告，指出中国商品对美国个人消费支出影响有限，中国输出通胀对美国消费价格的影响微乎其微。报告指出，2010年美国大部分商品在本土生产，进口商品消费支出只占美国总体消费的11.5%，而中国商品在所有美国进口商品中的比重勉强超过1/4，仅为2.7%。从中国进口的商品主要是家居和家庭日用品、衣服和鞋子。2010年美国家庭在衣服和鞋类上的消费36.5%为中国制造。在能源、食品方面，"中国制造"几乎可以忽略不计。在服务领域，如住房、交通、医保和休闲，"中国制造"还是空白。

"中国制造"中的美国成分约有55%。消费品从制造到最终消费涉及多个环节，比如一双中国制造的运动鞋在美国要卖70美元，零售价的大部分用于

支付把鞋类运到美国的运费、运动鞋零售店的租金、给美国零售商的利润以及营销成本。平均来看，美国进口商品价格中的36%流向了美国企业和工人的腰包。对于从中国进口的商品来说，这一比例更高。在"中国制造"的商品上每花费1美元，平均就有55美分要付给美国本土的服务商。或者说中国制造中的美国成分约为55%。中国商品中的美国成分之所以远高于美国总体进口商品，是因为中国出口的产品主要为消费类电子产品和服装，利润要高于其他商品和服务。

当然，不是所有进口的商品和服务直接用于最终消费，部分被用来再加工。2010年，美国家庭消费中的商品和服务中，88.5%的"美国制造"商品中也包括中国在内的他国制造成分。如将这一因素考虑在内，2010年美国消费支出的13.9%是用来购买进口商品的，从中国进口的商品在美国家庭消费中所占的总份额为1.9%。报告同时指出，过去10年内中国商品占美国个人消费开支的比重上升，2000年中国商品占美国消费开支的比重为0.9%，而2010年这个数字上升到1.9%。

中国产品在美国消费总量中所占的比例或许增长迅速，但仍微不足道。美国消费支出的2.7%用于购买"中国制造"的商品和服务，但因为"中国制造"的商品也包含其他元素，真正中国制造的成分只占美国消费开支的1.2%。中国制造商品占比很小，意味着中国通胀对提高美国商品价格的影响有限。中国2011年的通胀率可能会接近5%，即使中国出口商将国内通胀全部转嫁到出口至美国的商品价格中，美国的个人消费支出价格指数的增长也只会是这5%当中的1.9%，只相当于增加了0.1个百分点。

六、宏观经济平衡视角：美国储蓄消费比例长期失衡是美国贸易逆差的重要原因

根据凯恩斯国民收入决定理论，在开放宏观经济模型中，商品、劳务产出是由总需求决定的，国民收入均衡等式为：$S-I=X-M$。其中 S 代表国民储蓄，I 代表投资，X 代表出口，M 代表进口。在均衡状态时，国民储蓄与投资的差额等于贸易收支差额。如果国民储蓄大于投资，在对外贸易中就表现为顺差，如果国民储蓄小于投资，对外贸易则表现为逆差。

战后美国个人储蓄率基本保持稳定，在1947年到1984年长达37年时间里，美国个人储蓄率基本维持在6%到11%左右水平。从1984年开始，美国个人储蓄率开始缓慢下降。1984年到2001年，个人储蓄率从11%降至1%，个别月份甚至出现负储蓄。2001年以来，美国个人储蓄率大多数时期保持在0~1%水平，2008年金融危机以来，储蓄率又有所反弹。自上世纪80年代以来，美国联邦财政收支在绝大多数年份都呈现赤字，并且规模逐步攀升，2010财年达到1.294万亿美元。长期以来，美国经济保持高消费、低储蓄的格局，国内消费超过国内产出，必然导致进口大于出口，致使贸易不平衡逐年扩大。数据表明，美国储蓄率下降和经常账户逆差扩大基本上是同步的。1980年以来，除1981年和1991年外，其余26年美国经常账户都处于逆差状态，且呈不断扩大态势。特别是2002年以来，逆差进入加速增长阶段，至2007年，美国经常账户逆差达到7312亿美元，占GDP的比重达到5.3%（2008年降至4.7%，2009年为3.2%）。从时间序列看，中国对美国贸易顺差是从1993年才开始的，这表明，美国贸易逆差的扩大与中国对美国出口增加没有必然联系，而是美国经济内部储蓄、消费、投资比例长期失衡的结果。

发达国家一般都拥有较低的储蓄率和较高的消费率，重要区别在于美国可以依靠美元基础地位，通过资本回流弥补国内储蓄不足，以保持宏观意义上的储蓄（投资）、消费平衡。布雷顿森林体系解体以来，美元虽然免除了兑换黄金的义务，但仍然维持了国际计价、支付和储备货币地位，并取代黄金成为各国主要储备资产，世界进入事实上的美元本位制。美元本位制对美国消费模式的支撑主要体现在三方面：一是通过铸币税方式换取实物和资源。在经济学中，铸币税原指金属货币制度下铸币成本与其在流通中的币值之差，在现代信用货币制度下，由

于发行纸币边际成本几乎为零,因此铸币税几乎相当于基础货币发行额。美元作为国际支付货币,赋予美国用纸币换取实物资源的特权,使美国可以维持超前消费能力。二是在美元本位制下,客观上会形成"金融中心国家"和"贸易外围国家"的国际分工格局,并不断强化两者的依赖关系。由于美元可以直接换取实物资源,美国经济结构逐渐向高科技部门和金融领域升级,亚洲国家经济资源则流向一般制造部门。对美国和东亚来说,一方面通过产品市场交易(支付美元购买货物)实现实际产出转移(制造业由发达国家转移到亚洲),另一方面通过资本市场交易(出卖债券借入储蓄)实现实际购买力转移(亚洲超额储蓄转化为美国现实消费能力)。三是在微观层面上,全球资本流入提高了美国房地产、股票等资产收益率,助长金融投机,形成巨大的财富效应,促使美国家庭降低储蓄扩大消费。据麦肯锡测算,从 2003~2008 年第 3 季度,美国家庭从住宅资产中提取 2.3 万亿美元,其中 8 900 亿美元用于个人消费。

美国低储蓄高消费和东亚高储蓄高出口模式本身是全球分工自然演进的结果,符合全球资源配置规律,是有效率和存在合理性的。关键问题在于,美国依仗美元基础货币地位,在致力于国内政策目标同时忽视国际义务,通过美元超发刺激国内经济,向外转嫁通货膨胀成本,并造成国内资产依赖型过度消费。西方部分政治家刻意强调中国储蓄率高的问题,有向外转嫁危机责任的意图。因此西方国家热衷于探讨世界经济增长失衡问题,并指责人民币汇率是造成世界不平衡的主要原因,背后隐含着要中国承担更多国际责任,为全球经济危机买单的政治意图。对中国来说,既要认清西方国家的政治意图,又要从自身发展需要出发,加快转变经济发展模式,构建内外需均衡发展的大国经济模式。要坚持把扩大内需作为经济发展的长期战略方针,调整国民收入分配结构,大力完善社会保障体系,增强内需特别是消费需求对经济增长的带动作用。同时要继续发展对外合作,努力在拓展对外开放深度和广度中完成结构调整,促进内需和外需协调发展,更多更好地利用两个市场两种资源,为国民经济发展和现代化建设提供长期动力支持。🔳

城市综合建设领域投融资模式的思考与实践

牛春红

(中国建筑股份有限公司西北分公司，陕西 西安 710065)

随着社会经济的不断发展，城市化进程的不断推进，国内城市建设力度日益增大，城市建设带来的房地产和建筑市场的空前繁荣。作为世界 500 强企业的中央企业中国建筑在这一进程和领域内不论从社会责任和自身盈利能力方面都不能放弃这样一个专有市场。在中国建筑的战略定位和市场细分下，研究和进一步实践这个领域的运作和管理，是中国建筑在中国城市化进程步伐中，不断将城市综合建设业务发展和壮大为企业又一新的效益和利润增长点必不可少的。通过对理论的研究和实践，本文将通过对城市综合建设领域的投融资模式等主要模式进行案例分析，进一步研究做好城市综合建设项目需要注意的问题。

一、城市综合建设领域投融资模式

(一)参股房地产公司带动施工总承包业务模式

1.组织实施形式

中国建筑作为少数股东参与房地产开发项目投资的企业，与其他合作伙伴共同实现企业利益和企业价值最大化，为此获得此类项目的施工总承包权，既帮助此类项目房地产开发企业保证了产品质量，又实现中国建筑在建筑施工板块的业务施工总承包业务进一步增长。此类业务实施中的相关方主要包括：项目公司(中国建筑和合作房产开发商共同成立)、总承包商(中国建筑)。

2.投融资形式

一方面，中国建筑作为投资方投入项目公司；另一方面，项目公司作为常规施工总承包业务的业主，按照施工总承包合同约定收取工程款，企业只涉及投资及回报评价。

(二)BT模式

1.组织实施形式

在 BT 模式中的相关方主要包括：项目业主、项目公司(BT 投资建设方)、总包商、贷款银行和其他单位等。其中项目业主主要是指项目的发起人，主要是负责项目建设的招标。而 BT 投资建设方是指负责给项目的建设提供资金、技术、贷款等，并承担相应的风险的单位。

2.投融资形式

贷款银行和项目公司(BT 投资建设方)主要在BT 项目中扮演着融资的角色，并负责根据项目建设本身的经济效益、管理者的能力、资金的状况等为该项目提供贷款服务。BT 项目的融资过程主要是项目业主与 BT 方签订 BT 合同。项目业主对 BT 方出具全额付款保证。BT 方与银行签订财务顾问协议。银行以项目业主的全额付款保证为担保与 BT 方签订贷款协议。银行对该 BT 项目提供全面的财务支持，承诺对 BT 方提供贷款，包括银行承诺对 BT 方的流动资金提供补充贷款。

(三)土地一级整理和房地产开发模式

1.组织实施形式

土地一级开发，即由政府委托企业(如：中国建筑)按照城市规划功能、竖向标高和市政地下基础设施配置指标等要求,对一定区域范围内的城市国有土地或乡村集体土地进行统一的征地、拆迁、安置、补偿,并进行适当的市政配套设施建设,使该区域范围内土地达到建设条件,再进行有偿出让或转让的过程。

鉴于土地一级开发项目涉及的审批手续繁杂、需要接触的审批部门众多的情况,企业通过与政府收益分成的模式进行土地一级开发,很重要的一个好处便是:地方政府和中国建筑可以各自发挥自己的"比较优势"——政府负责保证如规划手续、一级开发立项、征地手续、项目验收等行政审批工作的通过,而企业(中国建筑)则可从事建设资金的筹措与投入、建设工程的组织与实施、土地招商的组织等自己更为擅长的工作。

另外,企业往往通过设立项目公司来进行土地一级开发项目的操作。在收益分成模式中,有些项目公司会选择由房地产企业、政府部门(或政府的投融资平台)共同出资设立(其中的一些项目公司还会有第三方出资,如与政府关系较为密切的民营企业等,以做到利益共享,也能为项目的审批提供方便),负责对土地的一级开发项目进行经营,包括开发资金的融资、参与土地运营的策划、市政配套设施的建设,以及配合政府部门进行拆迁补偿、土地二级市场潜在受让人的招商等工作。

通过共同出资设立项目公司,企业与地方政府利益的第一层捆绑关系就建立起来了——政府作为项目公司的股东之一,有权按股权比例享有由土地增值收益转化而来的项目公司分红。

2.收益分成形式

土地一级整理和开发模式的收益分成形式,也是投融资形式的一种特殊形式。土地一级开发的收益途径有两种:一种是通过土地公开交易市场出让土地,收益部分按照约定取得。另一种途径是,企业与政府共同约定出让土地的限制性条件,在招拍挂中确保自己顺利取得二级开发权。企业通过上市公司的股票配售或信托融资,上交土地出让金,获取土地使用证,后期的开发或以开发项目为标的,从银行获取项目融资贷款进行房地产开发;或采取土地分块合作的开发模式,进行资金的快速回收。以此实现土地一级开发和整理的投融资目标。

二、投融资模式评价

通过以上几种模式的组织实施形式和投融资形式的介绍,笔者发现目前参股房地产公司带动施工总承包业务的这种投资行为,目的是获取施工总承包业务得到施工总承包业务的常规效益,目的和收益模式单纯,项目实施过程还是主要遵循中国建筑施工总承包业务和资金管理流程。

(一)首先,笔者以能够带来超出常规施工总承包业务效益的BT模式为例,在此做主要评价。这种投融资模式具有很多优势:

1.BT项目风险小:对于公共项目来说,采用BT方式运作,由银行或其他金融机构出具保函,能够保证项目投入资金的安全,只要项目未来收益有保证,融资贷款协议签署后,企业在建设期项目基本上没有资金风险。

2.BT模式收益高:BT模式的收益高体现在三个方面:首先,BT投资主体通过BT投资为剩余资本找到了投资途径,获得可观的投资收益;其次,金融机构通过为BT项目融资贷款,分享了项目收益,能够获得稳定的融资贷款利息;最后,BT项目顺利建成移交给当地政府(或政府下属公司),可为当地政府和人民带来较高的经济效益和社会效益。

3.BT模式能够发挥大型建筑企业在融资和施工管理方面的优势:采用BT模式建设大型项目,工程量集中、投资大,能够充分发挥大型建筑企业资信好、信誉高、易融资及善于组织大型工程施工的优势。大型建筑企业通过BT模式融资建设项目,可以增加在BT融资和施工方面的业绩,为其提高企业资质和今后打入国际融资建筑市场积累经验。

4.BT模式可以促进当地经济发展:基本建设项目特点之一是资金占用大,建设期和资金回收过程长,银行贷款回收慢,投资商的投资积极性和商业银行的贷款积极性不高。而采用BT模式进行融资建设未来具有固定收益的项目,可以发挥投资商的投资积极性和项目融资的主动性,缩短项目的建设期,保证项目尽快建成、移交,能够尽快见到效益,解决项目所在地就业问题,促进当地经济的发展。

(二)土地一级整理和开发模式是未来房地产开发和建筑企业的发展趋势,笔者也将这类模式进行了优缺点的评价:

1.优势在于可以缩短一级土地开发周期使得土地开发环节分工更加细化,有利于提高一级土地开发的效率增加了土地供应量的可能性;随着土地成本的上升,一级土地开发利润丰厚,促使更多的企业参与到一级土地开发环节,凭借一级开发的先入优势获得二级开发权,因此一级土地市场化程度有所提高;土地储备工作由土地储备机构统一承担,并交由国土资源管理部门统一组织供地,减少了土地供应渠道,增加土地供应的集中度。

2.缺点是:(1)一级开发涉及面广,责任重,需要部门配合。土地一级开发整理涉及到的内容广泛,特别是土地的征迁,需要和每家每户进行多轮商谈,需要大量谈判人才。一个土地一级整理项目往往有几十、几百甚至上千住户和单位要进行征迁安置商谈,这需要大量的时间和大量的人力,企业需要处理的事情非常多,涉及到的问题也非常细,这就需要土地收购储备中心给予强力支持,需要土地收购储备中心与辖区政府及市直相关部门进行良好的沟通,确保企业进行一级开发整理时,能够得到及时的政策支持;(2)一级开发整理成本大,本地中小型企业缺乏机会。一级开发整理项目要求垫付的资金量大,本地一些中小型的房地产开发商想做土地一级开发,但是缺少资金,没有机会参与进来。但是本地中小型房地产开发企业拥有房屋拆迁的经验,对于有社会居民户拆迁的一级开发整理项目,外地有资金实力的开发企业一般都采取观望态度,不愿涉足居民拆迁工作。最后形成开发企业只能提供资金,但是具体征迁任务还要政府承担现象的发生。

三、投融资模式案例

西安市沣渭新区启航佳苑项目就是中国建筑与陕西省和西安市政府合作的典型的BT项目。下面我就这个项目的情况做一个简要的概括。

西安市沣渭新区是根据国务院批准实施的《关中—天水经济区发展规划》关于"加快推进西咸一体化建设,着力打造西安国际化大都市"要求设立的城市功能新区,发展空间和潜力巨大。从2010年开始,中建股份与沣渭新区管委会将开展全面合作,内容为总投资规模达100亿元的沣渭新区城市综合开发项目,具体包括城中村拆迁改造及安置工程;基础设施建设及配套开发项目工程。通过实施安置房项目,中建股份可获取500亩目标土地的二级开发权。

此沣渭新区城市综合开发首期项目总投资18 000万元用于安置房建设及基础设施配套项目,通过以上BT项目换取500亩土地的二级开发权。目前,安置房项目已经于去年开工,并已成立"中建西安投资发展有限公司",以该项目公司作为项目管理等实施平台。项目建成后将移交给沣渭新区管理委员会,沣渭新区管委会按照合同约定向中建股份过户500亩土地,其余不足部分以现金支付,简称BT换土地形式。

在BT换土地过程中,该项目以利润和资金双重管理为基础,实现的工程利润及时上缴为企业土地收储提供了资金保障。可以说实现了效益和资金使用效率的双赢。借助中国建筑资质和品牌实力,充分考虑了和政府合作中的互惠互利,得到良好的合约商务条件,以15%的施工利润率为保证,在资金管理方面也采取了不同于其他项目年末上缴利润的方式,随工程实施进度配比,按月度实时上缴现金利润。

该项目在实施过程中在不通过融资贷款情况下,自行通过利润上缴方式,实现收储土地保证金资金的自给自足。在项目实施过程中,我们也深入分析了投融资和项目条件的关系,得到了以下值得注意的问题,在此提出,以供思考。

四、案例小结

我们根据以上BT项目投融资理论和实例分析,总结出BT项目在投融资实施过程中几点值得注意的地方:

(一)有效区别回购资金来源与回购资金保证

BT项目中回购资金的来源是重要的项目条件,真实有效的回购资金来源可以提高项目的吸引力,也是实现顺利融资的保障。而回购资金保证是对政府回购行为的一种担保,是增加项目信用的一种手段。当回购资金来源出现问题时,回购资金保证确保投资人的利益得以实现。两者的界线是泾渭分明的。

项目实践中,有效区别回购资金来源与回购资金保证至关重要,简言之就是回购资金不能来源于回购资金保证。比如说,在实际操作中,以某块土地的出让收益作为BT项目的回购资金保证(担保)较为常见。应注意的是,该地块的土地出让收益就不能重复作为回购资金的来源了,政府应安排其他的资金如政府财政收入等作为回购资金的来源。可见,在BT项目中,回购资金的来源和回购资金的保证应严格区分并分别落实,如果混为一谈,很可能加大投资人融资的难度,出现本文开篇提到的情况,并最终影响项目招商的成败。

(二)视回购资金来源不同确定政府方签约主体

BT项目的实施和回购通常在《BT投资建设合同》中对双方的权利义务予以约定和约束,政府方签约主体的选择应根据回购资金的来源确定。

在以往的项目实践中,项目业主和签约主体既可以是政府部门,也可以是经政府授权的下属平台公司,比如城投公司。但根据国发19号文的相关要求,银行在对平台公司作为BT项目业主和签约主体的融资审批时更加严格。如果平台公司的资信状况不佳,还款资金来源可靠性不强,对项目融资审批是非常不利的。因此,对于拟采用财政资金作为回购资金来源的政府公益性BT项目,笔者建议BT项目发起方的签约主体最好是政府部门,这样操作相当于将对BT项目的回购变成了一项政府采购行为,可以顺理成章地将回购资金列入年度政府财政预算,并通过地方人大的决议,这样操作将有利于BT项目的成功融资。

(三)投资人可直接作为签约主体及融资主体

BT模式归根结底是一种项目融资的方式,项目融资的惯常操作是投资人得到项目的投资、建设和运营权之后成立有限追索的项目公司,由项目公司与政府方签署《BT投资建设合同》来实施项目,投资人则作为项目公司的股东承担相应的连带责任。

由于BT项目投资额较大,投资人通常需要通过一定比例的融资来确保项目的建设。BT项目融资的成功与否在信用评级方面受限于两个因素:一方面

受限于项目所在地政府的信用评级和财政实力,另一方面受限于投资人的信用评级和财务实力。假如BT项目所在地政府财政收入、债务率及信用评级等指标不是很理想,对于实力雄厚的投资人来说可能缺乏吸引力。在这种情况下,是否仍然必须由投资人组建的项目公司作为签约和融资主体是值得斟酌的。

根据实务操作经验,笔者建议在约定此条件时应充分考虑项目条件的综合吸引力,不一定要求投资人必须成立项目公司作为签约及融资主体。条件相对一般的BT项目可考虑由投资人直接作为签约主体和融资主体,而项目公司仅负责项目的建设及管理,这样将有利于BT项目的成功融资。

(四)土地出让收益用作回购资金保证的方式

假如地方政府拟使用土地出让收益作为BT项目的回购资金保证,根据国土资源部、财政部、中国人民银行联合制定发布的《土地储备管理办法》第二十七条的规定:"土地储备机构不得以任何形式为第三方提供担保",因此,土地储备机构不能直接为项目回购提供担保。在这种情况下,地方政府可根据相关规定和程序将该土地注入市属国有企业,再由该市属国有企业以自有资产作为BT项目的第三方担保,以利于项目融资的顺利进行。

综上所述,采用BT模式时,如果项目本身基础条件一般,那么在设计BT项目整体的边界条件时,可综合考虑以上几方面因素的运用,通过这种将BT项目的回购纳入政府采购的模式来实现政府招商的成功。

五、总 结

以上研究和分析是笔者从企业目前所处的新的发展阶段和业务内容的角度出发,针对城市建设发展业务领域的相关投融资模式做了一定的调研分析,以BT模式运作下的西安市沣渭新区启航佳苑安置小区项目为实践案例,进一步研究和讨论了BT模式的组织实施形式和投融资形式等内容,并对BT模式和土地一级开发整理的投融资形式进行了评价分析,在此基础之上对我们在施的BT项目进行了实践性的总结,提出了在各种投融资模式下应当去注意和思考的地方。

浅议中央企业海外投资问题与监管制度改革 *

王 欣

（中国社会科学院工业经济研究所，北京 100816）

经济危机后新兴经济体跨国投资规模的增长引起了发达国家的关注，尤其是中国企业的异军突起更是成为了全世界的焦点。在中国企业浩浩荡荡的海外投资大军中，扮演先锋部队角色的是一批实力雄厚的中央企业。国外学者通过理论研究发现，除市场和资源等传统要素以外，制度环境、技术获取和产业结构等也是企业海外投资的重要驱动力量（Peng 等，2008；Fung 等，2009），而且针对不同的投资目的国，跨国投资动机也存在很大差异（Hurst，2011）。然而，这些主要针对发达国家企业研究得到的结论，无法完全解释的一种现象是，我国中央企业盲目海外扩张而导致巨额亏损的事实。隐藏在风险背后的深层次原因是监管主体模糊、监管制度缺失的制度问题。针对政府在企业海外投资监管中的作用，国外学者的研究侧重于积极的政策引导（Rasiah 等，2010；Tolentino，2010），以及通过经济和制度手段弥补企业在国际市场竞争中的劣势（Yadong Luo 等，2010），显然这种解释也并不完全适用于中国情境。

国内学者认为，国有企业跨国投资风险源于两个方面：一是企业外部，包括"中国威胁论"、"贸易保护主义"等政治阻碍、经济波动、社会动荡、政府监管机制缺失等；二是企业内部，包括风险控制能力较低、吸收能力不足导致技术逆向溢出等（施宏，2011；常玉春，2011）。在监管方面，国内学者从政府和企业两个层面展开研究。一些学者从防止国有资产境外流失的角度进行研究，主要措施包括：建立风险评估和预警机制、加快培养海外资产管理人才等（施宏，2011）；另一些学者从加强国有企业内部控制的角度进行研究，主要措施包括：建立系统的内部控制整体框架（周煊，2012），提高对海外子公司的内部控制效率（杨忠智，2011）。

总体而言，尽管以中国为代表的亚洲国家成为国外研究的热点，但是专门针对中国中央企业对外直接投资的国外研究非常少见，国外已有理论很难准确解释中央企业的跨国投资现象。国内学者分别从宏观和微观两个层面进行研究，但是现有研究普遍缺乏系统性，大多局限于对特定风险的防范措施，未能提出整体的监管制度框架，以及不同层次监管主体之间的相互关系。针对当前中央企业海外投资巨额亏损的严峻现实，研究如何改进中央企业海外投资监管制度，具有很强的理论意义和现实意义。

一、中央企业已成为我国海外投资的主导力量

自 2000 年我国正式提出"走出去"战略以来，我国企业对外直接投资规模呈现快速增长态势（如图 1 所示）。据商务部发布的《2010 年度中国对外直接投资统计公报》和联合国贸发会议（UNCTAD）发布的《2011 年世界投资报告》显示，2010 年，中国企业对外直接投资净额创下了 688.1 亿美元的历史最高值，相当于"十五"期间对外直接投资总额的 2.3

* 基金项目：本文系 2011 年度中国社会科学院重大课题"改革新时期国有企业制度创新研究"的中期成果。

倍,对外直接投资流量名列全球第五位。另据商务部最新统计数据显示,截至2011年底,我国境内投资者共在全球178个国家(地区)设立对外直接投资企业1.8万家,累计实现非金融类对外直接投资3 220亿美元。

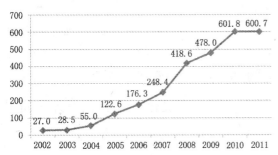

图1 我国非金融类对外直接投资流量情况
(单位:亿美元)

数据来源:商务部发布的历年中国对外直接投资统计公报

从对外直接投资主体的构成情况来看,国有企业占据了半壁江山,中央企业仍然是我国对外直接投资的主导力量。据商务部和国资委统计,截至2009年底,中央企业投资设立境外单位近6 000户,境外资产总额超过4万亿元人民币,占中央企业总资产的19%,当年实现利润占央企利润总额的37%,境外业务已成为中央企业新的利润增长点;2010年,中国非金融类对外直接投资存量中,国有企业占66%,中央企业和单位占77%。尽管国有企业和中央企业所占比重有所下降,但是我国海外投资国有经济主导的局面并没有改变。

经过多年的努力,中国已经成长起一批具有较强国际竞争力的跨国公司,当中绝大多数都是垄断型央企。近年来,大规模的中央企业兼并重组催生了众多"行业巨头",在我国政府积极鼓励企业"走出去"的政策背景下,中国石油、中国石化、中国海油、中国五矿、中远集团等一批中央企业的海外投资和经营活动取得了积极成效。2010年,有54家中国企业跻身美国《财富》500强,其中,中国石化、国家电网和中国石油三家央企进入前十名。由中国企业联合会、中国企业家协会发布的2011年中国百大跨国公司名单中,其中有80家是国有企业,中国石化、中国石油和中信集团位列前三甲。

概括而言,中央企业海外投资热潮受到国内、

国外两方面的驱动:一方面,国际金融危机使发达国家陷入经济困境,优质资产严重缩水,这为中央企业提供了跨国并购的良好契机,即使一些企业的自身条件尚不成熟,也不甘心错失这一难得的战略机遇期;另一方面,中央企业大多享有明显的垄断优势,具备实施"走出去"战略的坚实基础,同时我国政府对这种行为持鼓励态度,且缺乏针对投资失败的问责机制,也对企业海外投资产生了较强的推动作用。

在"十二五"时期中央企业改革发展的总体思路指引下,预计未来几年中央企业对外直接投资仍将保持较大规模,中央企业在我国海外投资中的主导地位也将得以延续。2011年国资委提出的中央企业"十二五"发展目标是:"做强做优央企,培育具有国际竞争力的世界一流企业",同时明确指出国际化经营是实现这一目标的五大战略之一。当前,各大央企纷纷开始描绘海外扩张的宏伟蓝图,"十二五"期间将会有更多的中央企业实施"走出去"战略,发展成为具有国际竞争力的跨国公司。

二、监管不足是中央企业海外投资失败的根源

尽管中央企业的海外投资规模和效益取得了可喜的进展,但是,近年来海外投资频频失败以及巨额亏损的残酷事实为我们敲响了警钟,央企境外资产流失已成为国有资产保值增值的首要障碍。在2008年的国际金融危机中,有68家央企出现114亿美元的海外业务巨额浮亏,其中包括中石油、中石化、中海油等;2009年9月,中国中铁在波兰A2高速公路项目亏损,合同总额4.47亿美元;2009年年底,中化集团在海外投资的3个油气田项目,累计亏损1 526.62万美元;2010年6月,中钢集团在澳大利亚的Weld Range铁矿石项目暂停,具体损失暂无统计;2011年1月,中国铁建在沙特轻轨项目中最大损失为13.85亿元;利比亚战争爆发以来,更是对中国海外投资项目造成了数千亿元的经济损失。

同时,中国企业联合会、中国企业家协会通过对比研究发现,中国跨国公司仅仅处于起步阶段,与世界一流跨国公司相比仍然存在较大差距。2011

年中国百大跨国公司的平均跨国指数为13.37%,不仅远低于2011年世界百大跨国公司60.78%的平均跨国指数,也低于2011年发展中国家百大跨国公司40.13%的平均跨国指数。目前,我国国有企业包括中央企业的国际化经营能力普遍不足,国际化专业人才严重短缺,要实现"具有国际竞争力的世界一流企业"的战略目标任重而道远。

当然,在全球化时代的市场经济环境下,任何投资都不可能完全规避风险,关键在于造成风险的原因有所不同。对于我国中央企业海外投资风险而言,基本可以划分为两大类:一类是客观原因造成的系统风险;另一类是主观原因造成的人为风险。系统风险主要表现为经济波动、市场变化、政治动荡、自然灾害等外在条件变化,如国际金融危机和利比亚战争的爆发,中国国有企业受到发达国家抵触,国际社会责任标准要求提高等。人为风险主要表现为企业经营者可避免的决策失误,如盲目投资、短期行为、追求政绩、损公利己等。由于两种风险通常同时存在,因此很难清楚地加以区分,只能通过分析进行大致判断。但是可以肯定的是,中央企业海外投资监管的目标就是,在最大限度上减少人为风险。

再进一步分析,中央企业海外投资问题背后的根源实际是深层次的制度问题。中央企业特殊的产权性质和经济地位,决定了其海外投资不仅影响企业自身利益,而且关系到整个国家和全体人民的利益,因此理应受到政府和人民的监督。然而,中央企业海外投资长期处于"无法可依"的状态,由于出资人与经营者相互脱节,导致严重的责权利割裂现象。笔者认为,责任主体模糊和监管制度缺失是中央企业海外投资失败的根源。

针对这一根本问题,目前我国政府部门正积极采取措施,促使中央企业海外投资活动逐渐走上规范的轨道。从2009年开始,国资委对中央企业的境外资产进行了一系列排查工作,最早一次排查涉及近6 000家中央驻外企业和中央企业驻外子企业的境外国有资产。2010年,国资委开展中央企业对外并购事项专项检查,内容包括并购事件的决策程序是否合规、企业资产评估的规范性和收购价格是否合理,以及被并购企业并购后运行状况如何等。2011年

6月27日,国资委公布了《中央企业境外国有资产监督管理暂行办法》和《中央企业境外国有产权管理暂行办法》,首次明确了中央企业是其境外国有资产管理的责任主体,对中央企业境外国有资产和境外国有产权监管制度作出了较为完整的规定,并指出针对违反规定并造成国有资产损失的情况,将追究相关责任人的责任。同年,商务部等三部委共同出台了2011年版的《对外投资国别产业指引》,为我国企业海外投资提供了重要的决策依据。

三、进一步优化中央企业海外投资监管的建议

如今,海外投资和跨国经营已经成为跨国公司发展的必然趋势,而中央企业通过海外投资实现跨越式发展,更是增强企业国际竞争力乃至国家竞争力的重要途径。在机遇与挑战并存的国际形势下,中央企业仍将是我国国际化战略的骨干力量,加强中央企业海外投资监管是我国未来一段时间的重要任务。国资委两项监督管理办法的出台,在一定程度上解决了责任主体不明确的问题,是中央企业海外投资规范化、制度化改革的良好开端。但是,管理办法只是起到整体性的指引作用,并不能涵盖所有细节问题,今后在具体落实过程中可能会产生各种各样的问题,有待尽快出台实施细则,以便提高文件的执行力。

基于对我国中央企业海外投资问题及根源的剖析,为了进一步优化中央企业海外投资监管效果,保障国有资产保值增值,笔者建议采取"双重监管、分类管理、流程控制、阶段考核"的监管制度体系。与此同时,我国政府还应大力深化国有企业产权制度改革,彻底解决企业责权利相割裂的问题,这也是中央企业海外投资问题的根源所在。

一是建立政府和企业双重监管体制,发挥两个监管主体的协同作用。针对中央企业这一类特殊的投资主体,仅依靠政府或是企业一方力量,无法达到良好的监管效果。我国应注重同时发挥政府和企业双重监管主体的作用,政府应更多地发挥外部"监督"作用,而企业则主要发挥内部"管理"作用。

就政府而言,应当扮演好信息提供者和政策引

导者的角色,但不应过多地介入企业海外投资的具体活动。政府应积极引导中央企业海外投资为增强国家竞争力、优化产业布局等战略目标服务,并引导企业加强自主创新、获取自主知识产权,从而提升国际竞争力。同时,政府还应促使中央企业之间建立跨国发展合作关系,使其与海外竞争对手抗衡时形成合力,而不是"互相残杀"。

就企业而言,应当从理念、制度和行为三个方面努力:在理念上,应树立整体战略意识、长期投资意识、风险防范意识和社会责任意识;在制度上,应建立和完善高效的内部控制体系,制定科学的投资决策机制和全过程的风险预警机制;在行为上,应引进和培养国际化专业人才,实施本土化经营策略,并积极履行企业的社会责任。

二是根据中央企业自身和行业特征,实行有针对性的分类监管措施。就企业而言,政府应集中精力于那些尚未建立内部监管体系的企业。就行业而言,对于那些市场化程度较高、竞争较为充分的行业,政府可以适度放松监管力度,给企业以更大的自主空间;相反,对于那些产业集中度较高、关系国民经济命脉的行业,尤其是公用服务业等典型的垄断型行业,政府则应从严监管,重点防范经营者出于私利考虑的人为投资风险。

三是加强投资全过程的流程控制,提高程序的合法性以控制投资风险。从国外监管制度的成功经验来看,流程控制是一种非常有效的监管手段。我国政府应尽快出台相关政策法规,提高企业对外投资程序的合法性和科学性,确保中央企业在合法程序的前提下进行投资,而不是将监管重点放在事后追究责任上。

四是开展关键节点的阶段性考核工作,建立实时风险预警和控制机制。针对当前事后监管严重不足的问题,政府应制定覆盖事前、事中、事后的全过程考核评价体系,设置几个重要时点进行阶段性考核,并根据考核结果进行惩罚。需要注意的是,政府在制定考核标准和惩罚措施时,要掌握一个合适的度,既不能过于宽松,以至于无法起到应有的警示作用,也不能过于严苛,扼杀了中央企业海外投资的积极性。

参考文献

[1]Fung K. C.,Herrero A. G.,Siu A. A Comparative Empirical Examination of Outward Foreign Direct Investment from Four Asian Economies:People′s Republic of China,Japan;Republic of Korea,and Taipei,China[J]. Asian Development Review,2009,26(2):86-101.

[2]Hurst L. Comparative Analysis of the Determinants of China′s State-owned Outward Direct Investment in OECD and Non-OECD Countries[J]. China & World Economy,2011,19(4):74-91.

[3]Peng M. W.,Wang D. Y. L.,Jiang Y. An Institution-based View of International Business Strategy:A Focus on Emerging Economies[J]. Journal of International Business Studies,2008,39(5):920-936.

[4]Rasiah R.,Gammeltoft P.,Jiang Y. Home Government Policies for Outward FDI from Emerging Economies:Lessons from Asia[J]. International Journal of Emerging Markets,2010,5(3/4):333-357.

[5]Tolentino P. E. Home Country Macroeconomic Factors and Outward FDI of China and India[J]. Journal of International Management,2010,16(2):102-120.

[6]Yadong Luo,Qiuzhi Xue,Binjie Han. How Emerging Market Governments Promote Outward FDI:Experience from China[J]. Journal of World Business,2010,45(1):68-79.

[7]常玉春.我国对外直接投资的逆向技术外溢———以国有大型企业为例的实证[J].经济管理,2011(1).

[8]施宏.构建我国海外资产安全防控与监管体系的思考[J].国际贸易问题,2011(12).

[9]杨忠智.跨国并购战略与对海外子公司内部控制[J].管理世界,2011(1).

[10]周煊.中国国有企业境外资产监管问题研究———基于内部控制整体框架的视角[J].中国工业经济,2012(1).

[11]中国海外投资仍是国资主导[J].第一财经日报,2011-09-19(A03).

[12]央企负责人须对投资失误买单[J].经济参考报,2011-06-28(001).

中国企业对亚洲直接投资分析

郭 燕

（北京服装学院，北京 100010）

产业转移是由于资源供给或产品需求条件发生变化后，某些产业从某一国家或地区转移到另一国家或地区的经济行为和过程。

传统的进入国际市场方式，以商品出口为主，伴随着货物的出口与之相配套的运输、保险、销售服务等同时输出，之后服务业成为一个独立的产业，许多国家开始以服务出口方式进入国际市场。不仅如此，随着资本要素和技术要素的国际间转移，现代国际贸易中一国可以直接投资和间接投资方式进入国际市场，或是以技术转移方式进入东道国。

改革开放后，中国企业从最初以商品出口为主，转向技术输出、资本输出并举的方式进入国际市场。与商品出口相比，技术转让和对外投资可以规避因商品出口规模过大导致的贸易摩擦的发生，也可以规避东道国的进口贸易壁垒，也能带动具有比较优势的产业对外转移，还能直接进入东道国及其周边市场，同时推动了东道国经济的发展，带动了当地的就业。

因此，"十二五"时期，我国积极鼓励国内企业对外直接投资，而亚洲又是中国企业对外直接投资首选目的地，根据"从易到难、从近到远、先出口再投资"的原则，亚洲地区已成为国内企业对外直接投资主要集中地，2010 年我国对亚洲的直接投资规模到 448.9 亿美元，占当年我国对外直接投资总额的 65.3%。

亚洲共有 48 个国家和地区，亚洲人口 36 亿，人口 1 亿以上的有中国、印度、印度尼西亚、日本、孟加拉国和巴基斯坦。

一、中国对外直接投资及对亚洲投资概况

2010 年是我国"走出去"战略实施第 11 年。十多年以来，有越来越多的中国企业"走出去"，对外投资金额逐年增加，"走出去"战略取得了显著的成效。根据商务部统计数据显示，2010 年我国对外直接投资额达 688.1 亿美元，比 2000 年的 10 亿美元增长了 68.8 倍。

（一）我国对外直接投资增长迅速

1. 2008 年后我国对外直接投资步伐加快

图 1 显示，中国对外直接投资流量从 2002 年的 27 亿美元，到 2010 年达到 688.1 亿美元，增长了 25.5 倍，表明我国对外直接投资的步伐加快。

2. 对外直接投资累计存量达 3 172.1 亿美元

图 2 显示中国对外直接投资存量，从 2002 年的 299 亿美元，到 2010 年达到 3 172.1 亿美元，增长了 10 倍。截至 2010 年底，中国 13 000 家境外投资者在境外设立对外直接投资企业 1.6 万家，分布在 178 个国家和地区，对外直接投资累计存量 3 172.1 亿美元。

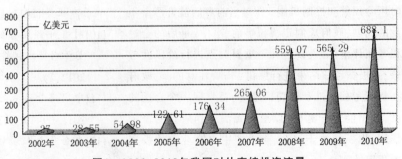

图1　2002~2010年我国对外直接投资流量

3.中国对外直接投资流量居全球第五位,发展中国家和地区的首位

联合国贸发会议《2011年世界投资报告》显示(图3),2010年全球外国直接投资流量1.32万亿美元,年末存量20.4万亿美元。2010年中国对外直接投资分别占全球当年流量、存量的5.2%和1.6%。2010年中国对外直接投资流量居全球国家和地区排名的第五位,发展中国家和地区的首位。

(二)制造业对外直接投资规模的增加

1.制造业占我国对外直接投资总额的比重有所回升

图4显示,我国制造业对外直接投资从2004年7.56亿美元,到2010年达到46.6亿美元,占我国对外直接投资总额的比重有所回升,从2008年3.2%,2010年提高到6.8%。

制造业对外直接投资主要是交通运输设备制造业、电器机械及器材制造业、纺织业、专用设备制造业、通信设备/计算机及其他电子设备制造业、仪器仪表及文化/办公用机械制造业、化学原料及制品制造业、金属制品业等的投资。

2.制造业居我国对外直接投资行业分布的第六位

图5显示,2010年我国对外直接投资的行业分布,主要流向租赁和商务服务业、金融业、批发和零售业、采矿业、交通运输业/仓储和邮政业、制造业的投资占到当年对外直接投资流量的89.5%,其中制造业位居第六位。

二、中国境外经贸合作区

(一)商务部已批准了19个境外经贸合作区

2006年11月26日,中国在境外挂牌的首个经济贸易合作区海尔－鲁巴经济区在巴基斯坦正式建立,自此拉开了中国建立境外经贸合作区的序幕。截至2010年6月份,我国已批准建设境外经贸合作区19个。

境外经贸合作区是我国政府鼓励和支持有条件的企业扩大对外投资的重要举措,也是企业"走出去"的主要形式之一。境外经贸合作区是指在国家统

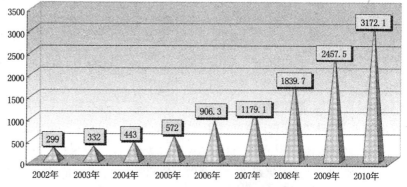

图2　2002~2010年我国对外直接投资存量(单位:亿美元)

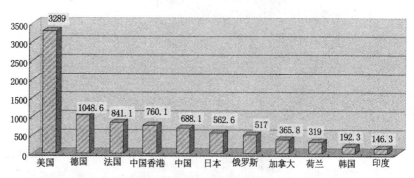

图3　2010年中国与全球主要国家和地区流量对比(单位:亿美元)

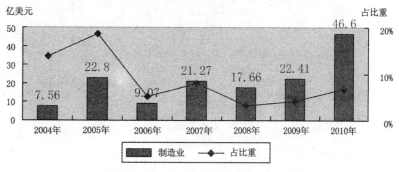

图4　我国制造业对外直接投资额及占总额的比重

筹指导下,国内企业在境外建设的或参与建设的基础设施较为完善、产业链较为完整、辐射和带动能力强、影响大的加工区、工业园区、科技产业园区等各类经济贸易合作区。

境外经贸合作区的模式有利于推动中国企业集群式"走出去",也有利于东道国的产业集群。合作区可以促使广大中小企业集群式地到境外投资项目,以减少出境成本,也有利于我国政府对企业利益的保护。同时,我国政府也可以通过与东道国(地)政府进行商谈,为企业争取当地更多的优惠政策。

自2006年以来,由商务部推动的境外经贸合作区建设。商务部对境外经贸合作区进行一些非经营性风险以及金融、保险、出入境、税收政策等支持;设立专项资金,用于对符合条件的境外经贸合作区给予2~3亿元人民币的财政支持和不超过20亿元人民币的中长期贷款扶持。根据投资环境、市场容量及贸易安排等,选定一些设区国家进行协商,争取优惠政策。

我国已批准建设境外经贸合作区19个,多数分布在东南亚、非洲及东欧等地,有8个合作区在亚洲,6个在非洲,欧洲有3个合作区,美洲有2个。其中,越南、尼日利亚和俄罗斯均有2个境外经贸合作区。

(二)境外经贸合作区的类型

目前,我国境外经贸合作区类型主要有6种。

1.基于电子技术、家电产业为主的泰中罗勇工业园、委内瑞拉中国科技工贸区、韩中国际产业园区等工业园3个;

2.基于纺织产业为主的中国越南龙江经济贸易合作区;

3.基于区域市场贸易的毛里求斯天利经济贸易合作区、俄罗斯圣彼得堡波罗的海经济贸易合作区;

4.基于木材、矿产资源的中俄托木斯克木材工贸合作区、尼日利亚广东经济贸易合作区、赞比亚中国经济贸易合作区;

5.工业制造园区:墨西哥中国(宁波)吉利工业经济贸易合作区和阿尔及利亚中国江铃经济贸易合作区;

6.基于边境综合贸易加工为主的工业园区共6个,包括俄罗斯乌苏里斯克经济贸易合作区、巴基斯坦海尔-鲁巴经济区、印尼沃诺吉利经贸合作区、埃及苏伊士经贸合作区、越南中国(深圳)经贸合作区及埃塞俄比亚东方工业园。

(三)境外经贸合作区的主要功能

境外经贸合作区的主要功能是转移我国国内剩余的产能,扩大生产规模。特别是东南亚地区,与我国有地缘优势,产业结构类似,例如越南、印度尼西亚、柬埔寨等国有利于国内企业专业化生产和经营。境外经贸合作区的另一个功能是促进我国传统优势产业的多元化。这类境外经贸合作区有利于产业集群,周边市场辐射力强,东道国政府提供优惠政策,例如越南、柬埔寨等。

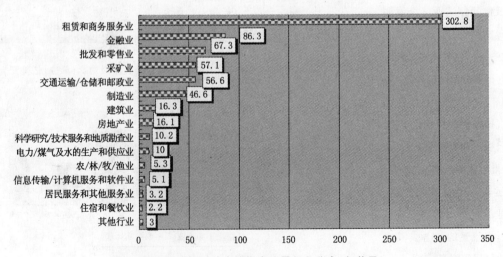

图5 2010年我国对外直接投资流量行业分布(亿美元)

(四)中国在东盟建立了5个境外经贸合作区

中国-东盟自由贸易区建成以来,中国企业不断加强与东盟国家的经贸往来,积极实施"走出去"战略,投资领域和贸易规模不断扩大。中国对东盟的投资领域已经从传统的矿业、建筑业拓展到能源、制造业、商务服务业。

商务部批准的19个境外经贸合作区　　　　　　表1

序号	名　称	投资企业	产业定位
1	赞比亚中国有色工业园	中国有色矿业集团有限公司	以铜钴开采为基础,以铜钴冶炼为核心,形成有色金属矿冶产业群
2	泰中罗勇工业园	中国华立集团	主要吸引汽配、机械、家电等中国企业入园设厂最终形成为集制造、会展、物流和商业生活区于一体的现代化综合园区
3	巴基斯坦海尔家电工业区	海尔集团	家电企业集聚区;一期已建成投产,为海尔企业自用,二、三期园区主要面向国内企业招商
4	柬埔寨太湖国际经济合作区(西哈努克港经济特区)	红豆集团	以轻纺服装、机械电子和高新技术为主;同时,发展保税、物流等配套服务
5	尼日利亚广东经济贸易合作区	广东新广国际集团	合作区包括加工园区、工业园区和科技园区,同时成为境外原材料基地和经济技术推广基地
6	天利(毛里求斯)经济贸易合作区	山西天利实业集团	定性为自由港区,具备"境内关外"特性,所有入区企业为自由港公司,享受免关税、免增值税待遇
7	俄罗斯圣彼得堡波罗的海经济贸易合作区	上海实业集团	以房地产开发为主,建成宾馆、商贸、办公、餐饮、文化、教育和休闲等设施
8	俄罗斯乌苏里斯克经济贸易合作区	中国康吉国际投资有限公司	产业定位于鞋类、服装、家电、家居、木业、建材、皮革等,建设期五年,计划引进60家中国企业
9	委内瑞拉中国科技工贸区	山东浪潮集团	主要产业定位电子、家电和农机等产业,工贸采取滚动发展的方式,分两期开发
10	尼日利亚莱基自由贸易区	江宁经济技术开发区和南京北亚集团联合投资	计划建设发展成为基础设施健全、企业集群、产能突出、经贸繁荣、服务周到、安全有序、辐射带动能力强的现代产业集聚区
11	越南中国(深圳)经济贸易合作区	中航集团、中深国际公司、海王集团等	以电子信息和服装加工为主导产业;分为电子信息区、服装区、综合服务及配套
12	中国龙江经济贸易合作区	前江投资管理有限责任公司	产业规划主要集中在轻工、电子、建材、化工、服装等行业;园区提供土地租赁、标准厂房租赁、标准厂房出售等多种入园方式
13	墨西哥中国(宁波)吉利工业经济贸易合作区	浙江吉利美日汽车有限公司	项目以吉利美日汽车公司投资为主,一期项目以汽车整车生产和汽车零部件生产为主
14	埃塞俄比亚东方工业园	江苏永钢集团有限公司	产业定位主要为冶金、建材、机械,五年内拟引进80个工业项目
15	埃及苏伊士经贸合作区	天津泰达投资控股有限公司	位于埃及东北部,地处苏伊士运河南端;已有一批中资企业入驻,取得了良好的经济效益
16	阿尔及利亚中国江铃经济贸易合作区	中鼎国际、江铃汽车集团	规划引进汽车、建筑材料及其相关企业100家,预计总体投资额为38亿人民币
17	韩中工业园区	中国东泰华安国际投资有限公司	位于韩国务安企业城市内,集科技、文化和旅游等多功能为一体的特色高科技产业园
18	中国广西印尼沃诺吉利经贸合作区	广西农垦集团	产业定位是以木薯为主要原料的精细化工及建材、制药等行业以及与此相关的国内市场相对饱和的行业,将吸引50家以上中国企业入区建厂
19	中俄托木斯克木材工贸合作区	烟台西北林业有限公司、中国国际海运集装箱股份有限公司	建成以木材深加工为产业支柱,融工贸易和休闲办公为一体的一流境外合作区,面向全国招商,造纸、印刷等企业均可在此直接开设工厂

境外经贸合作区	地理位置	合作区面积	产业定位
柬埔寨西哈努克港经济特区	是红豆集团等四家企业在柬埔寨西哈努克港市与柬埔寨公司合资打造的境外经济贸易合作区	特区位于西哈努克市东郊、总面积11.3km²，交通便利，区位优势明显	特区的产业定位以轻纺服装、机械电子和高新技术为主
泰中罗勇工业园	是由中国华立集团与泰国安美德集团在泰国合作开发的面向中国投资者的现代化工业区	园区位于泰国东部海岸，靠近泰国首都曼谷和廉差邦深水港，总体规划面积4km²	主要吸引汽配、机械、家电等中国企业入园设厂
越南龙江工业园	是浙江省前江投资管理有限责任公司在越南前江省投资的工业园项目	总投资1.05亿美元，总占地600公顷	主要集中在轻工、电子、建材、化工、服装等行业
越南中国(海防–深圳)经贸合作区	位于海防市安阳县，距越南首都河内104km，区位条件优越	合作区总规划用地面积800万㎡	
中国–印尼经贸合作区	位于印度尼西亚中爪哇省沃诺吉利县，结合广西产业发展和结构调整升级需要，发挥广西农垦的技术优势	占地200公顷，总投资39400万元	合作区的产业定位是以木薯为主要原料的精细化工及建材、制药等行业

目前，中国在东盟建立了5个境外经贸合作区，即柬埔寨西哈努克港经济特区、泰中罗勇工业园、越南龙江工业园、越南中国(海防–深圳)经贸合作区和中国–印尼经贸合作。据统计，截至2010年6月底，中国对东盟非金融类投资累计约96亿美元。

三、我国对亚洲直接投资分析

(一)对亚洲直接投资占我国对外投资总额的65.3%

表3显示，2010年我国对外直接投资大洲分布，主要集中在亚洲，占65.3%，这与投资"由近至远"原则相一致，大多数国内企业对外直接投资首选我国周边国家和地区，由于亚洲国家经济发展相对水平较低，劳动力便宜，有利于我国企业比较优势的发挥，还便于对投资企业的管理，降低了管理成本。

(二)对亚洲直接投资流量较2003年增长了近30倍

图6显示，我国对亚洲直接投资流量，从2003年的15.05亿美元，到2010年达到448.9亿美元，增长了29.8倍，占我国对外直接投资流量的比重，从2002年的52.7%，2010年达到65.3%。

(三)我国对亚洲直接投资流量超过1亿美元的国家和地区有14个

2009年我国对外直接投资流量超过1亿美元的国家和地区有31个，累计金额达549.55亿美元，占2009年我国对外直接投资流量总额的97.2%。

其中，亚洲有14个国家和地区投资流量超过1亿美元，包括：中国香港、新加坡、中国澳门、缅甸、土耳其、蒙古、韩国、印度尼西亚、柬埔寨、老挝、吉尔吉斯斯坦、伊朗、土库曼斯坦、越南等国家和地区。

(四)亚洲是我国设立境外企业最为集中的地区

2010年底，中国的16 107家对外直接投资企业(简称境外企业)共分布在全球178个国家和地区，投资覆盖率为72.7%。其中，亚洲地区投资覆盖率高达90%。

从境外企业的地区分布看，亚洲是我国设立境外企业最为集中的地区，境外企业数量超过8 591家，占53.4%，主要分布在中国香港、越南、日本、阿拉伯联合酋长国、老挝、新加坡、韩国、印度尼西亚、泰

2010年我国对外直接投资流量大洲分布　表3

地　区	金额(亿美元)	同比(%)	比重(%)
亚　洲	448.9	11.1	65.3
非　洲	21.1	46.8	3.1
欧　洲	67.6	101.6	9.8
拉丁美洲	105.4	43.8	15.3
北美洲	26.2	72.2	3.8
大洋洲	18.9	-23.8	2.7
合　计	688.1	21.7	100

2009年中国对外直接投资流量在1亿美元以上的国家和地区 (单位:万美元)　　表4

序 号	国家(地区)	金 额	序 号	国家(地区)	金 额
1	中国香港	3560057	17	印度尼西亚	22609
2	开曼群岛	536630	18	柬埔寨	21583
3	澳大利亚	243643	19	老挝	20324
4	卢森堡	227049	20	英国	19217
5	英属维尔克京群岛	161205	21	德国	17921
6	新加坡	141425	22	尼日利亚	17186
7	美国	90874	23	吉尔吉斯斯坦	13691
8	加拿大	61313	24	埃及	13386
9	中国澳门	45634	25	伊朗	12483
10	缅甸	37670	26	土库曼斯坦	11968
11	俄罗斯	34822	27	巴西	11627
12	土耳其	29326	28	委内瑞拉	11572
13	蒙古	27654	29	越南	11239
14	韩国	26512	30	赞比亚	11180
15	阿尔及利亚	22876	31	荷兰	10145
16	刚果(金)	22716		合计	5495537

国等国家和地区。其中,中国香港的境外企业占总数的21.9%。

(五) 对东盟成员的直接投资增长快,以制造业投资为主

2009年中国东盟投资协定签署后,取得了明显的成效,图7显示,我国对东南亚国家联盟十国对外直接投资,从2005年的1.58亿美元,到2010年达到44.05亿美元,增长了27.9倍。

2010年中国对东盟十国的投资流量44.05亿美元,占对亚洲投资流量的9.8%;存量为143.5亿美元,

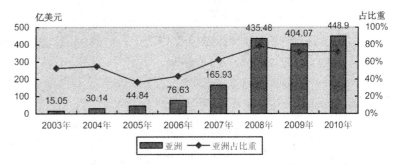

图6　2003~2010年我国对亚洲对外直接投资流量及占比重

占亚洲地区投资存量的6.3%。2010年末,中国共在东盟设立投资企业2 300家,雇员当地雇员7.2万人。

表6显示,从2005~2010年我国对东盟国家对外直接投资流量看,新加坡位居首位。2010年我国对东盟国家直接投资流量,除文莱外,均超过1亿美元。表明中国东盟自由贸易区成立后,中国对东盟十

2010年末中国境外企业大洲分布情况　　表5

地　区	境外企业数量(家)	比重(%)
亚　洲	8591	53.4
非　洲	1955	12.1
欧　洲	2386	14.8
拉丁美洲	791	4.9
北美洲	1867	11.6
大洋洲	517	3.2
合　计	16107	100.0

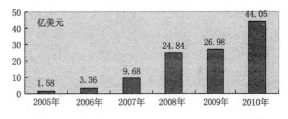

图7　2005~2009年我国对东盟十国对外直接贸易

2005~2010 年我国对东盟国家对外直接投资流量（单位：万美元）　　　　　表 6

国家（地区）	2005年	2006年	2007年	2008年	2009年	2010年
文　莱	150	–	118	182	581	1653
缅　甸	1154	1264	9231	23253	37670	87561
柬埔寨	515	981	6445	20464	21583	46651
印度尼西亚	1184	5694	9909	17398	22609	20131
老　挝	2058	4804	15435	8700	20324	31355
马来西亚	5672	751	–3282	3443	5378	16354
菲律宾	451	930	450	3369	4024	24409
新加坡	2033	13215	39773	155095	141425	111850
泰　国	477	1584	7641	4547	4977	69987
越　南	2077	4352	11088	11984	11239	30513
合　计	15771	33575	96808	248435	269810	440464

2010 年对东盟国家对外直接投资主要行业分部　　　　　表 7

行业	流量（亿美元）	所占比重	存量（亿美元）	所占比重
采矿业	8.98	20.4%	18.43	12.8%
电力/煤气及水的生产和供应业	7.91	18.0%	27.77	19.3%
制造业	4.86	11.0%	19.02	13.3%

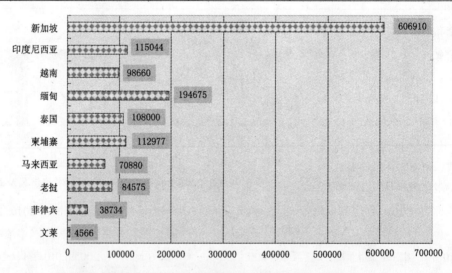

图8　2010年末中国对东盟十国直接投资存量（单位：万美元）

国投资增长迅速。

图 8 显示，2010 年末中国对东盟十国直接投资存量新加坡位居首位，依次是缅甸、印度尼西亚、柬埔寨、泰国、越南、老挝、马来西亚、菲律宾、文莱。

从 2010 年我国在东盟国家对外直接投资的行业分布看，表 7 显示，制造业位居第三位，占对东盟国家直接投资流量的 11%，存量的 13.3%，因此，目前我国在东盟国家的对外直接投资以采矿业、电力/煤气及水的生产和供应业和制造业为主。

综上所述，亚洲已成为中国企业对外直接投资首选目的地，根据"从易到难、从近到远、先出口再投资"的原则，特别是我国与亚洲国家之间的地缘优势、文化优势、产业比较优势明显，为国内企业对外直接投资创造了条件，有利于企业降低投资成本和经营成本，有利于我国制造业国际转移和产业升级，提高企业国际影响力。🅑

在经济发展方式的转变中思考建筑企业的投资业务

王 海

(中建宏达投资(中国)有限公司, 广东 深圳 518040)

改革开放30多年来,随着中国国内经济的持续、稳定、快速地发展,特别是21世纪作为经济支柱产业的房地产业大发展和各省市为确保经济振兴在基础建设方面的大投入,使中国的建筑业迎来了一个节能高效与和谐发展的纪元。经济环境的改善和资金流动性的增加,使"十一五"期间中国投资规模不断扩大,发展区域不断扩张。中国固定资产投资总额往往决定了建筑工程市场的规模,从而使"十一五"以来中国建筑业的总产值和利润增速平均达到25%的高位,行业景气度指标持续维持在高位。

建筑业是典型的投资拉动型行业,在每年的固定资产投资构成中,建筑安装工程的比例始终稳定在60%以上,建筑业对中国GDP的贡献则稳定在6%左右。

在《中共中央关于制定国民经济和社会发展第十二个五年规划的建议》中,加快转变经济发展方式被列为了首要工作。从转变经济发展方式的战略角度讲,基建项目一直以来都是拉动GDP的主要动力之一,但在产能过剩与金融危机的双重压力下,如何适时转变基建项目的发展思路成为必须思考的问题。

企业发展策略应当与国家宏观经济情况与政策趋向保持一致。在深入领会经济政策意图的同时,结合企业自身特点,开拓新的企业发展思路和获利模式,是当下需要讨论的重要议题。基建投资是建筑企业投资业务的核心,在货币政策收紧的情况下应该顺应形势寻求稳健发展;保障性住房是国家正在大力推进的民生工程,为建筑企业投资业务提供了新的机遇。如何在经济发展方式的转变中发展建筑企业的投资业务值得深入思考和探讨。

一、加快经济发展方式转变的重要内容

中国共产党第十七届中央委员会第五次会议通过的《中共中央关于制定国民经济和社会发展第十二个五年规划的建议》,第一次明确提出要以加快转变经济发展方式为推动国民经济和社会发展的主线,强调加快转变经济发展方式是我国经济社会领域的一场深刻变革,必须贯穿经济社会发展全过程和各领域,提高发展的全面性、协调性、可持续性,坚持发展中促转变,在转变中谋发展,实现经济社会又好又快发展。

(一)从突出速度的高速经济增长向更加注重提高经济增长质量和效益的持续稳定适度增长转变

改革开放以来的1979~2008年,我国保持了长达30年的年平均9.8%的高经济增长,创造了20世纪80年代以来的世界经济发展中30年高速增长的"中国奇迹"。按照科学发展的要求,我国既要在30年的高速增长以后避免走上低速增长或经济停滞的路子,也不能再继续以粗放的、非持续的经济发展方式为内容的10%左右的高速经济增长,而是应转向科学发展的长期适度稳定增长,转向第二个20年、30年或40年的适度稳定增长。

经过30年改革开放和经济发展，我国已经具备了转向持续、稳定、适度高速经济增长的基础。应对国际金融危机，既使我们面临经济社会发展的严峻挑战，也使我国获得了转向适度高速经济增长的契机。在采取措施抑制了经济增速急剧下滑的趋势以后，应更加明确地立足于中长期持续稳定发展，转向更加注重提高经济增长质量和效益的持续稳定适度增长。

(二)从外需带动型经济向内需拉动型经济转变

扩大内需是我国经济发展的长期方针。在外部需求明显减弱的情况下，充分发挥我国自身优势，拓展需求空间，积极扩大消费尤为重要和紧迫，特别是要要扩大消费需求。

(三)从生产能力提高型经济向经济结构优化升级型经济转变

加快经济结构的战略性调整，是增强国民经济素质、产业竞争力和可持续发展能力的必由之路，是转变经济发展方式的重要内容。一是加快促进产业升级，培育新的经济增长点；二是推进企业兼并重组，提升企业的市场竞争力、国际竞争力；三是推进区域产业结构化，促进不同区域产业发展协调。

(四)从技术引进依赖型经济向自主创新支撑型经济转变

提高自主创新能力，是加快经济发展方式转变的中心环节。一是推进原始创新；二是推进源头创新；三是推进应用创新；四是推进高端创新。

(五)从资源高耗型经济向资源节约型经济转变

加快转变经济发展方式，要求提高发展质量，突出的表现为降低发展的资源成本，建设资源节约型国民经济体系。

一是把节约优先、效率为本作为建设资源节约型国民经济体系的核心，全方位提升资源节约在经济社会发展战略中的重要地位；二是把大力发展循环经济、低碳经济作为建设资源节约型国民经济体系的基本途径，加强企业、区域和社会三个层次的循环经济建设；三是把节能、节水、节地、资源综合利用作为建设资源节约型国民经济体系的重点；四是把保护环境、保障安全作

为建设资源节约型国民经济体系的基本要求。

二、建筑企业相关市场整体形势分析

(一)固定资产投资和基建投资趋于稳定

2011年在内忧外患的多重压力之下，国内经济增速逐季缓慢回落，预计全年GDP增速将由2010年的10.4%回落至9.2%，2012年的GDP增速将趋于平稳，仍会维持在9%左右。尽管经济增速有所放缓，但考虑到明年1.3万亿的保障房投资规模和4 000亿的水利投资规模以及财政支出的峰值效应，预计2012年固定资产投资增速不会大幅放缓，仅由2011年的23.7%放缓到23.0%。以2011年全年固定资产投资达到34.4万亿元计算，2012年全年固定资产投资将为42.3万亿元。

从2011年的基建投资情况来看，2009~2010年基建投资的高增长率难以持续，预计2012年乃至整个"十二五"期间我国的基建投资规模（包括铁路、公路、水运、城市轨道交通投资等）将小幅缩减，逐步回归历史常态，维持在年均2.1万亿的水平。

(二)货币政策持续紧缩，借贷规模和借贷政策偏紧

2011年，国内CPI指数一直处于高位运行的状态，稳定物价、抑制通货膨胀是政府今年宏观调控的主题。在这一基调之下，货币政策持续紧缩，上半年央行连续6次调高存款准备金率，达到21.50%；人民币3~5年期的贷款利率在经过两次加息后达到6.90%，均处于历史高位；前三季度人民币贷款仅增加5.68万亿元，同比少增9.5%。从目前来看，中央为维持宏观调控的延续性，预期当前偏紧的借贷规模和借贷政策仍将持续一段时间。

(三)基建投资市场环境受限

目前，各地方政府对资金均有不同程度的需求，部分政府因资金紧缺而提供的商务条件相对优惠，但基本都不能为投资人提供项目贷款，且通常难以为投资人提供实质性回购担保，而投资人自身融资亦受银行信贷政策趋紧的影响，因而出现银行贷款难以落实、贷款成本增加和承担较大的回购风险等问题。

(四)金融和政策资源向保障房业务倾斜

在经历了"高铁事件"和"高速公路城投债风波"之后,政府投资领域已发生改变,"十二五"期间地方政府的财政预算将主要向保障房建设、水利建设等民生领域和公共服务领域倾斜。其中,保障房建设指标更是成为各级政府施政考核的硬性指标,"十二五"期间我国将建设3 600万套保障房,总投资达4.7万亿元,其中2011年和2012年分别计划建设保障房1 000万套,每年计划投资约1.3万亿元。为实现这个目标,中央和地方政府资金和土地政策的保障是顺利实施的必要前提条件。

三、基建投资市场分析

2011年1~8月份,固定资产投资(不含农户)18万亿元,同比增长25%,比1~7月份回落0.4个百分点。其中,国有及国有控股投资62 422亿元,增长12.1%。从环比看,8月份固定资产投资(不含农户)增长1.16%(图1)。

据瑞银投行近期预测,类似2009~2010年间基建部门的增长率高得难以持续,在2011年下半年,

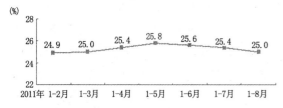

图1　2011年1~8月固定资产投资(不含农户)增速表

基建部门可能会经历一个增长正常化的过程,与其说是产量下降,不如说是增长归于历史平均增速。预计"十二五"期间中国的基建投资规模将小幅负增长(表1)。

四、保障性住房发展趋势分析

随着我国城市化进程的加快,商品房价格快速上涨,城市住房问题日益突显。为了解决城市住房这一日益严峻的问题,实现房地产市场从商品房主导向商品房和保障性住房并重的双轨制转变,国家逐步加大保障性住房的建设规模与力度。

"保障性住房"是一个宏大的社会保障计划,其目的不仅是要改革房地产市场,还希望创造一种新的推力,在转向另一种增长模式之际保持经济的快速运转。这一计划的核心内容是未来五年在全国兴建3 600万套保障性住房,于2015年实现全部城市人口20%的保障房覆盖率。空前的建设量、政治强度和履行承诺的决心表明,政府将保障性住房建设视为可持续发展的关键。

2011年9月14日,温家宝总理在世界经济论坛年会的讲话上表示:"中国将坚持以人为本,更加重视保障改善民生,走共同富裕的道路……全国城镇保障性住房覆盖面要达到20%。";在9月19日国务院常务会议上再次明确表示:"继续大力推进保障性安居工程特别是公租房建设。中央将继续增加资金补助,地方也将增加财政性资金投入……以公租房

未来五年基建投资小幅负增长　　　　　　　　　　　　　表1

	2006	2007	2008	2009	2010	2011	2012	2013	2014	2015
铁路投资(10亿元)	155	179	338	601	709	600	600	533	533	533
年增长		15%	89%	78%	18%	−15%	0%	−11%	0%	0%
公路投资(10亿元)	623	649	688	967	1 148	1 200	1 150	1 100	1 050	1 000
年增长		4%	6%	41%	19%	5%	−4%	−4%	−5%	−5%
水运投资(10亿元)	87	89	94	106	117	140	130	135	130	130
年增长		2%	6%	13%	10%	20%	−7%	4%	−4%	0%
城市轨道交通投资(10亿元)	86	108	131	204	236	260	280	300	330	370
年增长		26%	21%	56%	16%	10%	8%	7%	10%	12%
总投资(10亿元)	951	1 025	1250	1 877	2 210	2 200	2 160	2 068	2 043	2 033
年增长		8%	22%	50%	18%	0%	−2%	−4%	−1%	0%

为重点。公租房面向城镇中等偏下收入住房困难家庭、新就业无房职工和在城镇稳定就业的外来务工人员,单套建筑面积以 40m² 为主。"

五、在经济发展方式转变下的经营思路

1.在新的经济发展方式下,现有的基础设施类的投资将遇到发展空间的限制

首先,以投资驱动型的发展模式不能持续,间接依靠"土地财政"的建筑企业投资行为也不能长久。曾总在 2011 年 11 月 3 日的公司运营分析与对策会上提到:"进入 2011 年三季度后,在主动和被动因素的影响下,中国经济降速渐成趋势。三季度 GDP 增长同比下滑至 9.1%,预计四季度 GDP 增速将下滑至 9% 以下,并延续平稳回落格局。9月份,CPI 同比增长 6.1%,PPI 同比上涨 6.5%,涨幅有所下降,物价上涨的势头得到了初步遏制。但影响物价上涨的一些长期的因素,短期之内还没有得到根本的解除。9月末,M2 余额 78.7 万亿元,比 2002 年 18.3 万亿增长了 3.3 倍,CPI 仍将高位运行。经济增长的需要动力减弱,经济增速缓慢回落与物价仍处高位交织在一起,宏观调控的难度加大。""地方土地出让收入大幅缩水。2010 年全国降低出让金达 2.9 万亿。今年前三季度,全国 133 个市县土地出让金 1.3 万亿,与去年基本持平,但其中住宅用地出让金额为 8440 亿,同比下降了 13%。截至 8 月,上海土地出让金 743 亿,虽位列全国第一,但仅为去年全年的 48.4%。北京经营性土地出让金收入 672 亿元,仅相当于去年全年土地收入的 40.9%。广州情况更为糟糕,土地出让金收入仅完成年初全年计划的四分之一。南京招拍挂土地出让底价降了 20%,依然卖不动。其他相对附属的省份如浙江,上半年仅流拍的地块就高达 121 宗。"

2.建筑企业应寻求契合民生和内需的有经营收入的建筑类投资产品作为企业的投资方向。保障性住房的投资将是在经济发展方式转变下可以探讨的方向之一

今年保障性住房投资主要来自棚户区和危旧房改造,明年将来自于公租房建设,在未来公共租赁房将是保障房建设的重点。

公租房将使住房作保障的覆盖范围扩大。以前的保障房主要集中在经济适用房和廉租房,但前者在实际操作中由于覆盖对象界定模糊引发很多问题,也饱受诟病;有着面向的群体过于狭窄,要求条件过于苛刻,只能覆盖收入非常低的底层人员。公租房则主要面向城市"夹心层"和新生代农民工,甚至新毕业大学生等。

公租房具有相对较好的收益前景。公租房的收益主要来自两个部分:一是租金收益,工资方的年收益率可以达到 6%~8%(土地划拨和税费免除大大降低了建设成本,租金也比廉租房相对市场化);二是未来增值收益,及未来公租房产权买卖的收益(未来租户收入提高后可以申请购买公租房产权)。

公租房建设已经由地方试点进入到国家级别的保障房体系中。6 月 11~12 日国务院召开全国公共租赁住房工作会议,李克强副总理主持会议并发表讲话:"发展公共租赁住房与建设廉租住房、改造棚户区等都是保障性安居工程重要组成部分,是重要的民生工程……发展公共租赁住房,是一项复杂艰巨的任务,要坚持政府组织、社会参与,依法管理、市场运作。省级人民政府要负总责,市县政府抓落实,有关部门协作配合,把公共租赁住房纳入保障性安居工程建设规划,在投资、土地、财税、金融等方面加大政策支持力度;同时注意发挥市场机制作用,引导社会力量共同参与投资建设和运营,多渠道多方式等筹集资金和房源。应当看到,这项工作还有一个探索过程,要鼓励各地在国家总体原则指导下,因地制宜,积极探索符合当地实际的公共租赁住房发展新模式。"

总之,党中央明确加快转变经济发展方式,向集约型、内需型、持续型、均衡型的社会转变,为建筑企业寻求适应自身投资业务方向有着重大的指导意义。在解决好的资金使用效率、利益分配及退出机制的前提下,保障性住房不失为建筑企业的理想投资方向。⑥

推进中建铁路结构调整
加快转变经济发展方式

管增文

(中建铁路建设有限公司，北京 100053)

摘　要：党的十七届五中全会指出，坚持以科学发展为主题、以加快转变经济发展方式为主线谋划"十二五"发展，要坚持把经济结构战略性调整作为加快转变经济发展方式的主攻方向。中建铁路面临企业"产高利低、大而不强"、经营结构单一、企业资质制约发展等不利因素，本文分析了"十二五"期间中建铁路面临的任务和发展机遇，提出调整产业结构、加快经济发展主要从企业内部资源整合、以投资带动总承包以及推进技术进步和创新等方式进行。

关键词：施工企业，经济发展方式，企业结构调整，建筑市场，全面建设小康社会，产业结构，经营规模，企业重组，工程总承包，技术创新

党的十七届五中全会指出，坚持以科学发展为主题、以加快转变经济发展方式为主线谋划"十二五"发展，要坚持把经济结构战略性调整作为加快转变经济发展方式的主攻方向。近年来，国有铁路施工企业受益于国家政策，在市场中取得较高利润，企业规模迅速扩张，与此同时，铁路项目单价越来越低，参与竞争的企业越来越多，该行业已经日趋饱和。在国家"4万亿刺激经济计划"后，建筑企业如何支撑已经建立起来的庞大身躯，无疑应该调整结构，走多元化发展之路。中建铁路如何在新形势下响应中央号召，及时调整企业结构，转变经济发展方式，提高在建筑市场上的核心竞争力，实现企业持续稳定发展，这是一个非常重要而且十分迫切的课题。

一、中建铁路现状分析

中建铁路是中建总公司下设二级专业公司，为顺应国家拉动内需，加大基础设施业务投资而成立，

是总公司优化产业结构调整，做大做强基础设施业务板块的重要举措。中建铁路自成立起，依托总公司资质，主要从事铁路项目施工。随着国家"十二五"发展规划的制定以及中央经济结构战略性调整和加快转变经济发展方式的要求，受国家宏观政策影响较大的单一铁路项目施工模式已经严重制约企业的发展。中建铁路现状已经很难适应中央经济结构战略调整要求，很难在竞争日趋激烈的建筑市场立足。制约中建铁路发展的主要瓶颈分析如下。

1.企业大而不强。由于建筑市场供大于求、市场环境不规范、行业政策缺失等因素，铁路施工企业长期处于恶性竞争状态，不得不把争取最大的市场份额作为弥补产值利润低下甚至亏损的主要手段。产值规模很大，产值利润率却很低。过低的利润率使得企业没有资本积累，长期处于低层次经营；技术创新投入和技术积累严重不足，企业的核心竞争力不强；优秀人力资源严重流失，企业失去了可持续发展的基础。中建铁路近几年承担了174亿元的

铁路施工任务,每年完成近50亿元的施工产值,从单纯的施工规模看,已经基本达到中铁企业中等工程局规模。由于近几年任务来源主要依托中建总公司中标的大型铁路项目,行业内知名度不高,独立经营能力不强,缺乏核心竞争力;加之铁路项目受铁道部行业政策影响较大,招投标不规范,施工图设计变化大,变更索赔项目计价滞后,导致中建铁路承担的太中银铁路、哈大客专、沈丹客专等项目垫资施工,2011年4月份后,受国家宏观政策影响,铁路建设市场投资规模减少,项目资金缺少,企业垫付资金无法回流,资金断链,加之铁路项目概算清理难度大、持续时间长,导致企业利润无法确定,且见效较慢,导致企业资金流预算不能有效执行,企业失去了持续发展的基础。

2.经营结构单一。中建铁路作为中建总公司下设专业公司,主营业务主要以铁路项目为主,公路市政项目为辅。近5年主要承担项目情况见表1。

从表1中看以看出,中建铁路近5年共承担项目15个,合同额183.47亿元。其中铁路项目12个,合同额174.17亿元,占总合同额95%;公路市政类项目3个,合同额9.3亿元,占总合同额5%。这些项目大部分为2011年以前中标项目,2011年受国家宏观政策影响,铁路大型项目基本未进行招标,中建铁路仅承揽铁路专用线项目2个,合同额2.0亿元。

虽然近几年,大批铁路客运专线的开工建设,中建铁路在经营规模、人员规模以及资产规模上都有了较大提升,但由于经营项目类别单一,缺乏多元化的经济结构,存在"产高利低、大而不强"的现象,受国家宏观政策影响较大,"纯市场"竞争有限,抵御市场风险的能力较低,影响企业持续健康发展。

铁路施工项目毛利率平均8%~10%,这与设计、监理行业以及铁路、公路建成后运营收入的差距是很大的,也与铁路施工企业所付出的艰辛以及对国民经济的巨大贡献是不相符的。由于铁路施工项目存在业主单一、施工企业没有定价权的行业特点,要想改变当前企业受困的局面,只有改变单一的结构模式,走多元化经营的道路。

3.企业资质受限。中建铁路成立后,在中建总公司的关心下,拥有了铁路施工总承包一级资质。同样以铁路施工为主体产业的中铁工、中铁建所属工程局均拥有铁路施工总承包特级资质。根据铁道部大型铁路项目资质审查要求,参与企业一般需要铁路施工总承包特级资质,中建、中交、中水等路外施工企业,可以使用公路、水电、市政等施工总承包特级资质参与部分标段投标。中建系统只有总公司拥有公路、市政施工总承包特级资质,在参与铁路大型项目投标时只能使用一块牌子,无法发挥各工

中建铁路承担项目一览表   表1

序 号	铁路项目		公路市政项目	
	项目名称	合同额(亿元)	项目名称	合同额(亿元)
1	太中银铁路项目	20.89	吉林松原大桥项目	6.0
2	成渝客专项目	18.3	唐山滨海大道项目	3.0
3	沈丹客专项目	58.59	高密铁路立交项目	0.3
4	武黄城际项目	9.12		
5	赣韶铁路项目	17.41		
6	准朔铁路项目	8.81		
7	哈大客专项目	14.1		
8	石武客专项目	24.15		
9	专用线项目(4个)	2.5		
	合 计	174.17		9.3
	总 计	183.47		

程局、专业公司联合优势，在报价策略上可操作空间变小。而其他系统拥有多个资质，可以充分发挥系统协调优势，在竞争中处于优势地位。表2是某铁路客专项目投标情况：

从表2中看出，中铁系统26个单位参与除路外标4、13标段的其余13个标段投标，中标11个；中水系统除中水集团外还有6个工程局参与8个标段投标，中标1个；中交系统除中交集团外还有6个工程局、2个路桥公司、中国港湾参与11个标段投标，中标3个；中建系统由于各子企业及专业公司没有特级资质，只有中国建筑1家参与3个标段投标，未中标。

二、"十二五"期间的任务和发展机遇

十一届人大四次会议通过的"十二五"发展规划纲要，提出了转变方式开创科学发展新局面以及转型升级提高产业核心竞争力的要求。十二五期间，对国内宏观经济和建筑业来讲是更高层次、更高水平的发展时期，准确把握建筑市场的发展变化，寻找新的经济增长点是当前和今后相当长一段时期行业发展的紧迫任务。中建铁路由于经营结构过于单一，要想在复杂的建筑市场中寻求发展，必须调整经营结构，寻找适合企业自身发展的模式。笔者认为，中建铁路在"十二五"期间要解决的主要问题一是加快产业结构调整，适应新的市场需求结构；二是推进技术进步和创新，提高核心竞争力。

根据住房和城乡建设部"十二五"规划，"十二五"期间是全面建设小康社会的关键时期，是深化改革开放，加快转变经济发展方式的攻坚时期。随着我国工业化、信息化、城镇化、市场化、国际化深入发展，基本建设规模仍将持续增长，经济全球化继续深入发展，为建筑业"走出去"带来了更多的机遇，"十二五"时期仍然是建筑业发展的重要战略机遇期。

1.高铁建设市场仍有较大空间。我国高速铁路发展规划是2004年经国务院批准的《中长期铁路网

新建铁路大同至西安客运专线施工总承包中标结果　　　　表2

序号	标段名称	投标单位	中标单位
1	站前-1	中铁3、5、6、7、10、11、12、15、16、17、19、22、25局	中铁25局
2	站前-2	中铁3、4、6、8、10、11、12、17、18、19、24局；中国港湾、葛洲坝、中国路桥；中水集团、中水3局；中交1、2、3、4航局，中交1公局	中水3局
3	站前-3	中铁3、4、5、6、7、10、11、17局	中铁10局
4	站前-4	中国建筑、安通、路桥国际、中国路桥、中水集团、中水7、8、11局；中交2、3、4航局；中交1、2公局	中交3航局
5	站前-5	中铁2、3、5、6、7、8、11、12、13、15、17、19、21、22、24局；中国港湾、中国建筑、中水4局；中交2、3、4航局；中交1、2公局	中铁15局
6	站前-6	中铁3、11、14、18、22、隧道局；中水14局；中交1航局；中交1公局；中煤三建	中铁18局
7	站前-7	中铁1、2、3、4、5、6、11、12、16、17、19、20、21、25局；中水4、11局；中交2、3航局；中交1公局	中铁3局
8	站前-8	中铁1、3、4、5、12、15、25局；中交集团	中铁12局
9	站前-9	中铁1、2、3、4、11、12、20、25局	中铁2局
10	站前-10	中铁1、5、6、8、11、12、13、16、17、18、19、20、21局；中水8局；中交2、3航局；中交1公局	中铁19局
11	站前-11	中铁4、12、14、19、大桥局；中交1公局	中铁4局
12	站前-12	中铁3、4、11、12、14、20、电化局、隧道局；中交1航局；中交1公局；中煤三建	中铁11局
13	站前-13	安通、路桥国际、安能、中国建筑、葛洲坝、中国路桥、中水集团；中水3、7、8、11、14局；中交2、4航局；中交1、2公局	中交2公局
14	站前-14	中铁1、3、4、5、8、10、11、12、13、16、19、20、21、24、大桥局、电化局；中国建筑、中国路桥、中水集团、中水4局；中交2航局；中交1公局	中国路桥
15	站前-15	中铁1、11、12、20、21、电化局；中交1公局	中铁21局

规划》确定的,2008年,国务院对规划作了调整。确定到2020年,全国铁路营业里程达到12万km以上,建设铁路客运专线1.6万km以上。到2012年,我国铁路营业里程将达到11万km以上,其中新建铁路将达到1.3万km;到2020年,我国铁路营业里程将达到12万km以上,新建高速铁路将达到1.6万km以上。铁路快速客运网络的建设提速预示着我国正快步进入高速铁路时代,高速铁路建设投资仍将是我国未来投资的重点。未来五年高速铁路的投资将达9 000亿元以上,年均投资额将超过3 000亿元。铁路建设市场经过2011年的调整后,将更加规范和趋向理性,2012年铁路建设市场将陆续开放,高速铁路建设仍将为建筑企业带来巨大的市场空间。

2.城市轨道交通建设势头强劲。轨道交通投入大,建设周期长,但建成后运量大、速度快、安全可靠、准点舒适、优势明显,是世界大都市公共交通体系的重要组成部分。随着国民经济的快速发展,越来越多的城市加入到城市轨道交通建设的行列,城市轨道交通进入了快速发展阶段。目前,全国已有25个城市的轨道交通近期建设规划获得国务院批复。未来几年,全国城市轨道交通工程仍将处于大规模、高速度、超常规、跨越式大建设时期。预计到2015年,我国将拥有1 700km,共60多条城市轨道交通线路,有近40个城市要建设城市轨道交通,2010~2015年总投资将达1万亿元。

3.水利建设规模空前。2011年中央1号文件提出,今后10年水利的年均投入要比2010年翻一番,2010年全国水利投资是2 000亿,未来10年我国将投资近4万亿元用于国家水利建设。根据水利部规划,这批水利建设资金将用于农田水利建设、防洪工程建设、水资源保障和城乡供水能力提高的工程建设、水土保持和生态建设。

4.区域经济发展提供建设大舞台。2009年以来,获批上升为国家发展战略的区域规划频频出台。国家先后批复了珠江三角洲改革规划、海峡西岸经济区、海南国际旅游岛、中部崛起规划、横琴发展区、

江苏沿海发展规划、辽宁沿海经济带、关中—天水经济区、鄱阳湖生态经济区、图们江区域开发规划、黄河三角洲高效生态经济区、皖江城市带、长江三角洲区域规划等。众多区域规划的出台与实施,将会迎来大量的基础设施建设,包括铁路、港口、高速公路、电网以及城市市政等新一轮投资建设的热潮,每一地区的战略布局与投资都将为建筑业带来巨大的市场商机。

三、企业结构调整策略分析

从中建铁路目前的现状以及“十二五”期间建筑业发展趋势和机遇,企业结构调整势在必行。结构调整的指导思想是:树立科学发展观,坚持以国家产业政策和市场为导向,以企业为主体,以科技进步和技术创新为动力,以全面、协调、可持续发展为核心,以产品结构调整为重点,以提高企业的综合竞争能力和经济增长的质量与效益为目标。结合中建铁路实际以及中建总公司基础设施业务的结构情况,可以从以下几个方面进行。

1.整合内部资源优势,优化企业经营结构。中建系统内部除中建铁路、中建市政、中建筑港等专业公司从事铁路施工外,中建各工程局部分三级公司近几年也陆续参与铁路等基础设施项目施工。为改变中建铁路经营结构单一的弊端,可充分依托中建总公司资源优势,选择1~2家从事基础设施业务的单位与中建铁路重组,优化企业经营结构。企业重组后,一是有利于企业资质提升。随着企业重组,资源整合,经营规模扩大,必将大大推进企业资质升特工作进程,同时,通过企业整合,增加公路、市政、水利等资质;二是有利于拓展业务范围。重组后的新公司可以充分发挥资源优势,除继续从事铁路项目施工外,可以充分利用新资质以及中建地方优势,大力发展公路、市政、水利等项目经营与开发,争取更多的市场份额,完善经营布局,实现企业多元化的经营战略;三是有利于推进企业集团化发展进程。随着企业经营规模扩大,资本积累的增加,市场占有份额的增加,企业市场经营布局将更趋合理,

区域经营将更趋完善,区域公司的发展壮大,必将快速推进企业集团化发展的进程。

2.与资本联姻,以投资带动工程总承包。目前,工程建设市场对承包企业实施带资承包需求很大,并已逐渐形成行业发展趋势。利用 BT、BOT、EPC 等投资承包方式,已成为国际大型工程项目广泛采用的模式。承包企业以资金为龙头带动工程总承包,既关系到市场占有率,又直接影响企业的经济效益水平。从目前国内投资市场以及中建五大业务板块分析,中建铁路投资基础设施的项目建造和总承包管理可以作为突破口,基础设施项目是资本高度密集的项目,项目建设前期资金的投入量大,在建造时间内项目资金、各种生产要素的配置与管理过程的优化匹配会对项目最终结果产生重要影响,基础设施项目的高回报和高风险决定了建造方式特有的全过程管理需求。"十二五"期间我们国家区域经济迅速发展必将带来的铁路、港口、高速公路,以及城市市政等新一轮投资建设的热潮,中建铁路具有基础设施项目施工管理经验和优势,只要充分依托中建总公司上市后的融投资平台,把握投资时机,必将迅速增加市场占有率,成为新的利润增长点。

3.提高管理水平,创立优质品牌。由于建筑企业流动大、项目具体、组织弹性,提高管理水平存在较大难度,长期以来,我国建筑企业和项目管理总体管理水平普遍偏低,与国际著名承包商存在较大差距,提高管理水平是转变发展方式最有潜力的领域之一。结合中建铁路在企业和项目管理中存在的问题,应当从如下几个方向改进:一是标准化。总结形成适合中建铁路自身特点、凝聚企业管理精华、充分采用国际先进管理方法、根据项目特点能够具体化的企业管理手册。二是规范化。企业管理,业务流程,信息传递,事务处理都有制度、规则,全体人员严格遵守规则,形成企业良好的工作秩序和人员的行为规范。三是精细化。在资金、成本、材料、设备、工期、人力调配等方面,进行更加细致的管理,落实管理职责,任务分配明确,完成任务到位,不留

失控环节、领域、死角,是精细管理的主要内涵。四是信息化。在企业管理、项目管理、专业事务管理工作中,积极采用先进的信息化手段,将复杂变简单,将低效变为高效,让现代信息技术帮助实现管理水平的提升。

4.推动技术创新,提升核心竞争能力。促进建筑业与先进的材料技术、制造技术、信息技术、节能技术的结合,将现代先进技术成果在建筑产品中整合运用并创新,使建筑业承载更多的技术含量,增强产业竞争力是一个大有潜力和前景的领域,也是未来建筑业竞争力之根本。发展壮大中建铁路技术中心和试验检测中心,在巩固已经取得初步成果的客运专线无碴轨道技术的同时,采取独立研究或与高校以及专门行业研究机构联合的方式,成为能够代表国家或行业某工程领域专业技术水平的领头企业,成为专项技术研发基地;充分利用中建铁路专业人才优势,积极参与工程建设技术标准、规范、工法的研究制定和应用,不断提高企业在行业技术领域的优势。

四、结束语

党的十七届五中全会提出,加快转变经济发展方式为主线谋划"十二五"发展,要坚持把经济结构战略性调整作为加快转变经济发展方式的主攻方向,企业是经济结构转变的主体,作为国有建筑施工企业,为国民经济发展作出过巨大贡献,在新经济政策形式下,建筑施工企业只有调整经济结构,走多元化发展道路,才能适应国家经济发展战略,拓展经营思路,主动转变经济增长方式,实现健康持续的发展道路。®

参考文献

[1]我国国民经济和社会发展"十二五"规划纲要[Z].

[2]中国共产党十七届五中全会公报[R].

[3]中长期铁路网规划(2008年调整)[Z].

[4]中共中央 2011 年 1 号文件[Z].

[5]部分数据来源于网络。

创新发展方式 提升企业核心竞争力

——以一局发展为例初探新形势下国有建筑企业创新发展对策

左 强

(中建一局集团建设发展有限公司, 北京 100102)

摘 要:"十二五"时期是全面建设小康社会的关键时期,是深化改革开放、加快转变经济发展方式的攻坚时期,也是建筑业发展的重要战略机遇期。本文从顺应国家转变经济发展方式、实现企业科学发展的角度,结合中建一局集团建设发展有限公司(简称一局发展)实际提出了企业下一步发展的新思路,即大力发展绿色建筑施工、调整产业结构、创新商业模式等方式实现企业的科学、可持续发展。

一、落实科学发展观与国有建筑业创新发展

1.科学发展观的深刻内涵

科学发展观是当代中国关于发展的世界观和方法论,是我国新世纪新阶段新的经济社会发展理念。其鲜明特征就是强调中国的发展,要更加注重发展的人文本质,更加注重发展的整体协调,更加注重发展的持久永续,更加注重发展的多样性。

科学发展观,内涵深刻,意义重大。其第一要义是发展,核心是以人为本,基本要求是全面协调可持续,根本方法是统筹兼顾,最终目的是实现经济社会和人的全面发展。其中,科学发展观强调发展的可持续性,强调资源可持续、环境可持续、生态可持续;强调经济发展可持续、政治发展可持续、社会发展可持续,坚持生产发展、生活富裕、生态良好的文明发展道路,建设资源节约型、环境友好型社会,实现速度和结构、质量、效益相统一,经济发展与人口、资源、环境相协调。

要切实贯彻落实科学发展观,最重要的方式之一就是加快转变发展方式。要把节约资源作为基本国策,大力发展绿色经济、循环经济和低碳经济,保护生态环境,加快建设资源节约型、环境友好型社会;推进国民经济和社会信息化,切实走新型工业化道路,坚持节约发展、清洁发展、安全发展,实现可持续发展。

作为国民经济支柱产业之一,通过加快转变自身发展方式达到有效实现科学发展的目标,是建筑业在新形势下刻不容缓的任务。

2.加快转变经济发展方式的现实意义和重要内容

党的十七届五中全会通过的《中共中央关于制定国民经济和社会发展第十二个五年规划的建议》明确提出,促进经济长期平稳较快发展,要以加快转变经济发展方式为主线。

加快转变经济发展方式,是符合当前我国经济发展实际的重大战略,是我国实现科学发展的必由之路。经过长期探索,我国对经济发展规律的认识

取得了新的重大进展,形成了科学发展观。按照科学发展观的要求,必须从最广大人民的根本利益出发,努力实现经济社会全面、协调和可持续发展。这样的发展目标以及由此所决定的发展方式,显然是经济增长方式难以全面涵盖的,也就是说,单纯转变经济增长方式不能保证实现科学发展,而必须转变经济发展方式。

加快转变经济发展方式,更是关系国民经济全局紧迫而重大的战略任务,是提高我国经济国际竞争力和抗风险能力的根本举措,是实现全面建设小康社会奋斗目标的重要保证。党的十七大报告提出确保到2020年实现全面建成小康社会的奋斗目标的战略任务,指出了我们必须适应国内外形势的新变化,顺应各族人民过上更好生活的新期待,把握经济社会发展趋势和规律,坚持中国特色社会主义经济建设、政治建设、文化建设、社会建设"四位一体"的基本目标和基本政策构成的基本纲领。这就要求要增强发展的协调性,使国民经济朝着又好又快的方向发展。

加快转变经济方式要求是转变,所谓转变,是指一种状态向另一种状态、一个层次向另一个层次、一定水平向另一水平的演进、变迁或过渡,转变经济方式就是要推进中国经济转型。概况而言,可称为转内涵、转需求、转机构、转支撑、转资源和转职能。对于国有建筑企业而言,转内涵、转结构、转资源尤为重要,即由从规模的高速经济增长向更加注重提高质量和效益的持续稳定增长转变、从单一的工程总承包向产业结构优化升级型企业转变、从建造资源高耗费向低碳环保绿色施工转变。

二、"十二五"期间中国建筑业宏观环境与一局发展企业实际

1."十二五"期间建筑业宏观环境

"十二五"时期,我国仍处于工业化和城镇化的快速发展阶段,全社会固定资产投资每年还将保持20%以上的增长,建筑业将继续随之较快发展。随着中国的城镇化进程和政府在基础设施方面的大量投入,未来中国的建筑与土木工程行业将依然保持较快增长。从行业形势整体来看,城市化建设的加速推进,预示着"十二五"期间建筑业面临着蓬勃发展的关键机遇期。

节能环保领域前景广阔。据估测,建筑行业的节能减排潜力占节能减排总量的50%,是全球环保行动中的重要行动参与者。我国在1996年就颁布实施了新建建筑必须节能50%的强制性设计标准,预计今后10年产值可以达到1.5万亿元,中国建筑企业大有可为。

城市综合体建设市场机遇明显。近年来,城市综合体已成为众多开发商青睐的商业地产模式,不仅北京、上海、广州等一线城市的城市综合体发展迅猛,二三线和部分三四线城市也把建造城市综合体当作了城市发展的目标。在住宅被限的大背景下,作为商业地产主流的城市综合体成了未来发展趋势。

保障型住房建设未来比重增大。根据"十二五"规划和国土资源部的要求,未来五年要加大保障性安居工程建设力度,各地的保障性住房、棚户区改造和中小套型普通商品房的用地供应不得低于住房用地总量的70%,而此后公布的全国供地计划中,这一比例达到了77%。未来五年新建保障房的数量将达到3 000万套。

区域经济迅猛发展。京津冀区域合作在政府推动和市场驱动双重作用下,区域合作不断深入,环渤海区域将成为中国未来50年的一个经济增长极。此外,在国际市场同样存在着巨大的战略机遇。美国、中东、非洲等国家与地区有相当大的发展空间。

2.一局发展公司现状

一局发展隶属中国建筑工程总公司旗下的中建一局集团,多年来在中建总公司三级单位排名中始终名列前茅。要在新形势下实现企业的科学、可持续发展,必须对企业自身状况进行客观的分析。

目前,我司的优势在于:目标市场定位高端,市场品牌美誉较好;科技引领不断实现,企业技术优势局部体现;法人直管项目模式牢固,履约精细化

管理水平较高;市场布局得以优化,走出去初显成果;总承包内涵不断丰富,履约范围得到扩展;制度建设不断进步,企业管理扎实严谨;企业资信状况良好,产业拓展保障扎实;人力资源相对高端,后备人才培养能力较强。同时,我们存在的劣势有:产业结构单一,企业可持续发展能力欠佳;商业模式创新不足,企业综合实力难以发挥;京外市场做实缓慢,远程项管难题仍未破解;发展指标逐年加码,企业积累较少;精细化管理需进一步提升,项目老大难问题未根本解决;同质化竞争明显,企业差别优势未真正显现等。

结合企业内外部实际情况,要适应经济发展方式的转变,提升企业核心竞争力,实现企业的科学、可持续发展,一局发展可以从大力发展绿色建筑施工、创新商业模式、调整产业结构、优化组织结构等方式着手。

三、一局发展公司实现创新发展的初探

1.树立节能环保意识,走绿色低碳经济发展之路

在我国建筑、交通、工业三大温室气体排放领域,建筑能耗总量占我国能源消费总量的三成左右,在三大领域居首位。目前,我国存量建筑物达400多亿 m^2(其中节能建筑仅占 1%),每年新建建筑物还在以18~20 亿 m^2 的速度增长。据 2008 年有关资料显示,中国建筑业每年消耗的建筑钢材和水泥占全球产量的 50%,消耗的木材占全球森林砍伐量的 49%,仅从三大主材的资源消耗和二氧化碳排放就不难看出建筑节能任务的艰巨性。中国政府已在哥本哈根的气候峰会上承诺,到 2020 年我国单位GDP的碳排放要降低 40%~45%。在当前低碳经济背景下,建筑业由于其能耗、原料消耗之大,产出的扬尘和建筑垃圾等污染物之多,必然会成为节能减排首当其冲的行业。因此,不论是对建筑物的建造过程,还是对建筑物的使用过程而言,建筑节能都凸显出很高的战略价值与经济价值。

走低碳绿色经济发展之路,加快建筑业发展方式转变,就是要发展绿色建筑,推动建筑节能。具体途径有:一是要降低建筑能耗,尽快实现建筑材料的更新换代,即在新建、改建、扩建建筑中,执行节能标准,采用节能技术、工艺、设备和高强度、高质量材料,降低建造过程的钢材、混凝土等实物消耗量;二是降低建筑生活能耗、采暖空调能耗等建筑相关能耗,即在建筑物使用过程中提高围护结构保温隔热性能和采暖供热、空调制冷制热系统效率。

对一局发展这样的建筑施工企业来说,要加快企业发展方式转变和企业转型升级就是要积极推广绿色施工。绿色施工是指工程建设中在保证质量、安全等基本要求的前提下,通过科学管理和技术进步,最大限度地节约资源和减少对环境有负面影响的施工活动,实现"四节一环保"(节能、节地、节水、节材和环境保护)。由一局发展总承包的中国国际贸易中心三期工程在施工管理过程中严格执行绿色施工的标准,已荣获国际 LEED 金奖。下一步发展中,一局发展将严格履行节能减排的责任,以科技创新为先导,加大对实施节能减排及绿色施工技术的关注度;在施工管理过程中,积极采用先进的节能减排技术和材料,建立有利于建筑业低碳排放量大的建材产品使用,逐步提高高强度、高性能建材使用比例;加大对建筑垃圾的有效处理和再利用,严格控制建筑过程中噪声、水污染,最大程度地降低建筑物建造过程中对环境的不良影响。

2、调整产业结构,大力发展建筑工业化模式

随着我国国民经济的发展,近些年来,节能减排、绿色低碳成为各行各业发展的方向,建筑业也在寻求建造方式的变革,其中发展建筑工业化就是变革的主要方式之一。所谓建筑工业化建筑模式就是以总承包单位为主体,围绕建筑结构主体为中心,整合材料、设备、机具、模板、钢筋、混凝土、构配件等专业公司进行规模化工厂制造,并有组织运输到现场进行机械化安装的按计划施工管理模式,是建筑产业现代化的重要组成部分。建筑工业化其主要特征就是通过采用机械化作业方式,提高劳动生产率,加快建设速度,降低工程成本,提高工程质量。

一局发展承建北京长阳半岛工业化住宅项目是典型的采用建筑工业化模式建设的项目，根据承建该工程的统计，建造工业化住宅较同体型传统住宅，钢模板用量减少22%、木模板用量减少40%、架料用量减少10%、现浇作业减少30%、外墙保温及抹面作业减少75%、焊接作业减少70%；工期缩短60天；施工质量远优于传统住宅。此外在环境效益方面，能耗降低约35%，废弃物减少50%以上。以上数据更好地证明了工业化建筑模式在节能、环保方面的优越性；对建筑施工企业而言，以上数据也证明了施工单位由于资源投入的减少而带来的成本降低，工期缩短及质量稳定可靠。同样，由于工业化建筑模式的应用，将部分施工作业转移至效率更高的工厂完成，减少了施工现场用工数量，一定程度上减轻了建筑施工企业对农民工的过度依赖，是施工企业走出目前所面临困境的成功探索。

因此，在下一步发展中，一局发展要从以下几个方面做好准备。

（1）加强研发工作，立足于自身的市场板块，积极进行研发，摸索一套适用于企业市场区域的、适用于市场定位的、企业较为熟悉成熟的工业化技术体系，逐步开展试点建设及基地建设，解决自有工业化技术体系从无到有、从有到精的过程，掌握工业化建筑模式的核心环节。

（2）夯实技术基础，完成工业化建筑模式下施工组织技术的积累工作，这是建筑施工企业安身立命的根本；掌握上下游工业化技术，主要包括工业化结构体系设计技术、预制混凝土技术等，为整合产业链做好技术准备；形成完整的工业化建筑模式实施解决方案，并形成自身特色。

（3）体制革新，积极进行企业体制革新准备。工业化的建筑模式是首先保持建筑施工企业原有施工领域发展增长模式下，逐步开拓上下游领域的过程，也是企业利润由较为单一的源于施工过程，逐步向上游的设计领域、下游的建筑部品生产领域、物流领域扩展的过程，也是企业逐渐掌控设计企业、部品生产企业及其配套行业的过程。建筑施工企业必须保持对整个链条全部参与者的体系控制，才能保证整个链条的利润收益不会动摇，这也正是需要通过革新企业体制所要解决的问题。

3.创新商业模式，提升企业盈利能力

随着施工企业"微利时代"到来，在同质化竞争加剧、商业模式趋同、非理性价格竞争白热化的当前，一局发展在房建总承包施工商业模式下已触及到该经营领域下的"天花板"：即在以往的总承包领域已无较大发展拓宽空间。至此，"商业模式创新"就作为企业在激烈竞争中抢占制高点的引擎，是我司实现"做大做强"，完成"十二五"目标的引领和保障。正如彼得·德鲁克所言："当今企业之间的竞争，不是产品之间的竞争，而是商业模式之间的竞争。而胜人一筹的商业模式是难以模仿的。"因此，在下一步发展中，我们需要开放性的思维和创造性的举措，打破现有较为单一的盈利模式，推动公司持续进步的发展。

（1）投融资带动总承包

经过若干年的实践和积累，一局发展已经拥有的良好的资金和资信实力。如何合理运用手中的资金，于新的商业模式，以获取最大的利益，是我们不得不思考的问题。对于起步已然较晚，蹒跚学步的我们，选择与股份公司、集团公司等上级单位或大型房地产金融集团合作，借鉴其卓越的实力和丰富的地产开发经验，同时充分发挥我们自身的优势，采用股权合作和债券合作的双向合作路径，通过投融资开发带动总承包的方式，以项目公司作为运营平台进行房地产项目的开发建设。同时，根据项目需求，积极拓宽融资渠道，视需要引入第三方金融机构。募集资金投入使用后将大大补充企业的流动资金。据此，房屋建筑和地产开发"双剑合并"，以形成优势互补、增强盈利。这样，在获取丰厚开发收益的同时，也能收获可观的施工总承包收益。此举不仅能够优化公司的成本结构，也能明显提升盈利水平。2011年，我们与集团公司就镇江新生村项目的合作开发已初步达成合意，项目公司业已成立，各项前期工作正在有序展开。

（2）保障性住房开发建设

根据国家现阶段对房地产市场的调控重点，政府正着力发展保障性住房，"十二五"期间保障房建设量将达 3 600 万套，其中 2011 年 1 000 万套。为践行央企的社会责任，并将保障性住房开发建设作为新业务拓展的突破口，因其风险较低，市场环境良好，适合我司新业务拓展条件，因此，我们将采用 BT（建设-移交）模式或代建模式，大力投身保障型住房的开发建设。2010 年，一局发展与北京万科合作，承接了朝阳区西大望路保障性住房项目的代建工作。通过保障性住房领域的开拓，我公司可以在成为施工领域翘楚企业的基础上，增加多元化市场竞争力。既响应政府号召，为解决民生问题添砖加瓦，亦符合企业长期可持续发展的策略要求。

（3）设计施工一体化运作

2011 年，一局发展斩获殊荣，成功通过建设部关于中国建筑业新特级资质重新就位的公示。同时，公司也拥有了自己的甲级设计院，拥有了一大批专业的设计人才。因此，在新领域开拓上，我们要充分依托和把握新特级资质、设计施工一体化为企业带来的新的发展契机，积极探索和尝试 DB（设计施工一体化）、EPC（设计、采购、施工）等多元化的合作模式，以自身房建施工的优势为立足点，将合作内容延伸至产业链的上游，以扩宽企业承包范围，增加企业利润增长点，逐步向真正的工程总承包企业转变。2011 年，我们与大业主金融街设计施工一体化合作谈判呈现良好势头，目前已就大兴医药基地项目达成合作共识。

（4）战略合作伙伴关系

经过多年在房建施工领域的历练，一局发展承建了大量的"高、大、精、尖、难、特"工程，在取得良好的经济效益和社会效益的同时，也与诸多政府机构、大业主建立了良好的互信互利和稳定的合作关系。基于业主对我们的信任，以及我们因就位新特级资质带来的一体化运作的能力，我们可以根据业主不同的需求，为业主提供多元化的合作模式。为致力于建立更加长期、稳定、友好的战略合作伙伴关系，避免行业中的恶性竞争，我们积极寻求与实力雄厚的大客户、大业主建立战略合作伙伴关系，运用"成本+酬金"的计价模式进行合作，在获得与单个项目相比较为稳定和丰厚的收益的同时，也降低了企业的金融风险，分散经营风险。2011 年，我们在镇江新生村项目的合作上，在设计施工一体化基础上应用了成本加酬金模式。我们还与华润、金融街等大客户就战略合作事宜进行深入的磋商。

上述几种商业模式并非孤立的个体，不是非此即彼的关系，而是根据业主的诉求，结合我们企业的优势，为业主提供多元化的合作路径，供业主选择。合作路径可以是上述某一种模式，也可以是几种模式的交叉融合。只有这种主动积极的服务意识和服务能力，才能让我们获得更多更好的合作机会，快速并持久的提升我们企业的盈利能力。⑪

关于
强化内部审计"服务"职能的思考

刘雪姣

（中建五局审计部，长沙 410081）

摘　要：现代内部审计大师索耶说"内部审计师是内部咨询师，是家中的宾客，而不是街上的警察，他不仅要寻求那些或大或小的错误，而且要为改善业务活动提供指南，他不是处分众人的事后诸葛，而是鞭策人们励精图治的改革者；他不仅关心该做的事是否做了，而且关心事情是否做得恰当。"

关键词：内部审计，服务，职能

国际内部审计师协会(IIA)的内部审计新定义强调内部审计人员应通过系统化、规范化的方法参与企业经营管理，洞察企业风险，帮助企业实现目标。新定义对内部审计人员的角色要求发生了转变，不再强调内部审计是一种监督者的身份，而更多地强调他们要帮助管理者和员工进一步和解决企业经营管理中的问题，起到服务企业的作用。李金华审计长也指出："内部审计机构很重要的一点就是在为你所在的部门、单位加强管理，提高效益，建立良好的秩序方面发挥作用，这就是内部审计的主要目标"，"我们要把内部审计作为一个控制系统，而不是一个检查系统。"由此可见，在现代企业制度下，内部审计的重点是审计和评价企业经营的效益性，进行事前控制，为企业改善经营管理、提高经济效益服务，为企业领导者提供咨询服务，促进组织实现目标。在这种环境和要求下，强化内部审计服务职能势在必行。

一、什么是内部审计服务职能

内部审计服务职能是指审计工作立足于企业内部管理需要，为企业管理和效益服务，并将监督寓于服务之中的一种内部审计模式。在这种模式下，审计与被审计的关系更于和谐，其审计内容从传统的财务查账向企业经营管理的各方面拓展，突破财务领域，以管理审计和效益审计为主导，以审计和评价经济活动的效益性和风险性为重点，以评价内控制度的健全有效性为核心，这是内部审计服务职能的主要特征。

内部审计服务职能是一种更符合内部审计产生发展内在要求的审计理念。关于这一点，从国际内部审计师协会对内部审计确定的目标上可以得到很好的说明："内部审计的目标是协助本组织的成员有效地履行其职责，实现组织目标。为此目的，内部审计为他们提供有关被查活动的分析性、建设性的咨询意见和信息。"这反映了内部审计向风险管理审计和咨询活动扩展的趋势，并强调内部审计应采取"咨询"这种"诊断"性的服务方式，即虽然监督纠错仍是内部审计的基本特征，但监督纠错的目的不是为了惩罚，而是为了解决和改善问题，类似"医生看病"性质，根本目的是为企业提供服务。

二、强化内部审计服务职能是内部审计发展的必然要求

大部分国企的内部审计始于20世纪80年代中期，是在计划经济体制下逐步建立和发展起来的，其主要职责是查错防弊，审计的对象主要是会计凭证、账簿、报表等会计资料，主要工作都集中在财务领域。这种"监督导向型"的内部审计在一定程度上限制了内部审计作用的发挥，影响了内部审计的发展。内部审计作为企业管理的一个职能部门，一方面不具备完全的独立性，其审计结果也没有强制性，如果审计部门一味地强调审计监督，强调查错防弊，总是事后算账，将自己凌驾于被审单位之上，就会使内部审计的路越走越窄；另一方面财务部门定期开展的财务稽核实际就具有财务审计的功能，如果我们仍然局限于传统的财务审计领域，内部审计机构将逐渐失去存在的必要。正如国际内部审计师协会前主席安东尼瑞德里指出："我们(内部审计)是改善公司管理水平的力量。我们的业务与其他管理组织相比正日逐增加。如果能继续保持这种势头，我们将成为下一世纪的职业"，否则"下世纪将没有我们的位置"。在这种形势下，只有找准定位，将内部审计作为一种对被审计单位的服务，以服务为导向，拓展审计领域，建立"服务导向型"内部审计，内部审计才有存在和发展的必要。

三、内部审计中监督与服务的辨证关系

内部审计在强调"服务"职能时，并未否定其"监督"职能。审计的本质是监督，监督是审计的最基本职能，"监督"一词在审计领域里有其广泛的含义和

不同的形式。内部审计监督包括对法律法规、公认会计准则遵守情况的检查督促，但更多的是对内部控制系统的监督，对本组织、成员是否遵循企业内部的方针、政策、程序、制度及履行其职能的监督，从根本上讲，这也是为本组织内部经营管理服务，为提高经营效益，实现组织最高目标服务。由"监督导向型"向"服务导向型"转变，并不是削弱审计的监督职能，而只是监督的出发点和方式的转变。通过"服务"职能的有效发挥作用，可以促使其监督职能到位，而如上所述，监督职能的到位又可以从全局意义上促进企业的健康良性发展，也就实现了其服务职能，从而真正发挥内部审计的作用。总之，内部审计中监督与服务是辩证统一的关系。

四、强化内部审计服务职能的几点建议

内部审计能否发挥服务职能，促使企业加强管理，取决于审计的内容和质量、领导的重视程度和被审计单位的接受程度以及内部审计的独立性和权威性。所以强化内部审计服务职能应从以下几个方面着手：

(一)转变思想观念，确立服务意识

包括内部审计人员和非审计人员两方面思想观念上的转变。内部审计人员应明确内部审计的目的，内部审计不仅要监督本单位遵守和执行财经纪律、规章制度，而且要提高到"以经济效益为中心"这个层次上来，能够为决策层和管理层服务，为提高本单位经济效益服务。内部审计人员应摆正自己的位置，不能将自己置身于本单位的经营管理之外，而应将自己视为本单位管理职能部门的一员，对本单位内部控制实施"再控制"。

非审计人员中单位管理者的思想观念转变尤为重要，领导是否重视内部审计工作，能否接受和采纳内部审计的建议，很大程度上决定内部审计职能的发挥。现代内部审计是促进完善企业内部管理，提高经济效益的重要手段，要改变那种认为内部审计是例行公事的错误观念，真正意识到内部审计是本单

位管理的切实需要。另一方面,部分被审计单位对内部审计工作的认识和理解不够,在认识上存在偏差,把内部审计仅仅看作是来查问题、挑毛病的,因而在配合审计部门工作和对审计建议的落实方面重视不够。内部审计不具强制性,所以这种观念如果不改变,对内部审计服务职能的发挥将产生十分不利的影响。

(二)改进审计策略和方法、不断提高工作质量

内部审计要有效地发挥服务职能,提出建设性的意见,就要深入调查内部控制和经营管理的现状,找出薄弱环节和经营不善之处,并寻求改进的措施,而这就需要取得被审计单位的理解、参与和合作。因此,在审计策略上,要采取参与合作的方式。在审计开始时,要对被审计单位抱着信任的态度,与他们讨论审计目标、内容、计划及采取某些审计程序和方法的理由,以取得他们的理解和支持。在审计过程中要多征求被审计单位的意见,寻求他们的合作,及时与当事人讨论审计发现的问题,在提出审计报告时多采用建设性的语言,重点放在问题产生的原因、可能造成的影响及改进措施上;多进行换位思考,站在被审计单位的角度看问题,促使被审计单位主动接受审计意见。

内部审计人员应鼓励被审计单位的人员在审计过程中提出所关心的问题,在编写审计报告时使用正面而非责难性的措辞,对薄弱环节和存在的问题指明可改进的机会,而不应简单地予以暴露;向被审计单位提供其需要的有用信息,针对不同层次管理人员的不同需要,提出不同的管理建议。其中反映重大问题的报告和审计总结报告呈送最高管理当局,以便获得他们的支持、协调和授权;而详细性的管理建议书则直接送给部门负责人或第一线管理人员,以便及时采取措施予以改进。内部审计部门采取这种新审计方式既可改善与管理人员的关系,实现和谐审计,又可增强内部审计工作的主动性和建议性,提升内部审计工作的影响力,最终必然促进企业管理水平的提高,受到公司管理当局的赞赏,使内部审计人员成为企业管理当局改善经营管理、实现企业目标的顾问和助手。

在工作方法上,一是内部审计工作要从"小作坊式"的单位项目审计向整体性、系统性的全方位审计转变;二是从审计部门和少数职能部门分散的、单打独斗式的审计和调查向由审计部门牵头、加强组织协调、整合审计资源、发动全员参与的审计方式转变;三是内部审计必须丰富审计手段,比如采取计算机辅助进行非现场审计等,减少被审计单位的麻烦;四是应围绕企业工作重点,转变工作思路、由原来的以事后审计为主转变为事前、事中审计为主,参与决策的全过程,保证决策科学合理和有效实施,为本单位经营管理的最优化和经济效益最大化做出贡献。

(三)转变工作重点,为提高企业管理水平服务

内部审计要紧紧围绕企业生产经营管理的中心工作,注意选择单位领导重视、员工关心和对企业效益影响较大的热点、难点问题进行审计。内部审计人员应深入了解各所属单位的经营现状和情况,开展有针对性的审计项目,不断提高审计成果的运用和影响,使内部审计作用得到更好的发挥。除了传统的财务收支审计和经济责任审计外,可以从以下几个方面开展审计项目。

1.内部控制审计。这是"服务导向型"内部审计工作的核心内部,主要包括检查和评价企业内部控制系统是否健全,运行是否有效,并通过科学的测评方法找出内控制度的薄弱环节,提出改进建议,堵塞制度漏洞,为完善内控制度服务,防患于未然。内部控制审计大多时候并非是以独立的审计项目进行的,它更多的应是贯穿于各类审计项目的工作中。

2.绩效审计。与一般审计指向"钱是怎样花的"不同,经济责任、绩效审计重点是考量"花钱的效果",扩展来讲就是对经营行为全方位的效果评价和分析。从"帮助企业增加价值,实现组织目标"的角度来理解,经济责任、绩效审计也应是"服务导向型"内部审计的核心内容之一。

3.决策评价审计。主要是以监督经济决策权、评价决策效益性为主线,加大对重大经济事项决策

过程审计,追踪决策执行结果,分析决策过程是否科学合理,决策结果是否正确有效,促进领导干部科学执政。

针对以上几类审计项目,具体到建筑施工企业来说,一是要以工程项目相关方面为重点开展内部审计工作,包括项目承接的审查、合同评审、项目施工策划的编制与执行、目标责任落实、劳务分包管理、资金回收与支付、材料采购管控等内容的项目前期、中期、竣工审计等,这些审计项目的目的是促进决策合理、规范管理、降低成本,实现项目利润最大化。二是在任期责任、绩效审计方面要以当前企业转型升级为重点,如何适用当前市场形势需要,增强企业业竞争力等,深入调查分析企业经营管理中的风险和问题,确保国有资产的保值增值,提高资产质量。三是开展以防范风险为导向的内部控制审计和专项审计调查,如内控符合性测试审计;项目管控质量、营销质量专项调查;费用预算执行情况调查审计等,以提高公司管理水平,增加企业价值。

(四)增强内部审计独立性与权威性,强化领导对内部审计的重视程度,充分发挥内部审计的控制和监督效果

在现行体制下,内部审计机构独立性和权威性的强弱往往取决于其隶属关系和领导层次的高低。内部审计机构隶属领导层越高,独立性和权威性就越高。对于类似中建企业这种上下级隶属关系复杂的中央级企业单位,在机构设置上可考虑采取下级内部审计机构直属于上级内部审计部门,按派出机构设置,与本级单位在管理权上脱钩,下级内审机构发挥监督职能的审计业务工作向上级内部审计部门负责;发挥评价、咨询、服务职能的业务工作向本级单位经营管理层负责。这样就能在更好地对同级部门进行有效监督的同时,也能保证内部审计改善经营管理、提高经济效益这一服务职能的发挥,消除了传统的内部审计强调和侧重于监督但却无法实施有效监督的体制瓶颈。同时,这种垂直管理模式也有利于审计资源在全系统内的有效调配。

(五)提高内部审计成果运用,为企业控制中的

再控制,管理中的再管理服务

为更好地履行内部审计服务职能,提升管理效率,实现审计增值,内部审计发现问题的整改落实是关键,一是关注对审计发现的分析与判断,将审计发现分为重点项和一般项,重点项主要是指由于管理缺位或者管理不完善而产生的问题,一般项是指执行层面的问题,重点项要明确提出需要职能部门改进的措施,并对制度完善、对所属单位或项目培训辅导等方面进行反馈,如对大部分存在制度执行问题,建议上级职能部门重新审视管理制度的可操作性,尽快建立完善相应管理制度。对于一般项由责任人自主跟踪落实。二是关注、分析审计发现中的典型性和重要问题,并进行专题专项跟踪,与有关职能部门和单位负责人共同商讨解决办法,在整改结果反馈环节,审计部门与相关部门要积极沟通,广泛听取意见和建议,在检查整改效果环节,一要检查整改措施的完整性,二要跟踪整改措施落实情况和执行效果。三是对审计发现的问题进行分析与提炼,注重体系化,选取审计发现中集中度高、典型性强问题,下发给各子公司,要求对照自查,举一反三,属于自己的问题,要深挖原因、深入整改,对于他人的问题,要借鉴预防。结合管控重点,从审计发现出发,揭示风险点,并收集企业防范风险的优秀做法进行推广。通过一段时期的积累,可以将某风险点曾经出现哪些问题,有哪些好的做法汇编成《风险控制手册》,作为指导和服务企业日常运营管理的载体。

最后援引内部审计大师劳伦斯·索耶的一句话来给当前的内部审计做一个定位:"内部审计师是内部咨询师,是家中的宾客,而不是街上的警察,他不仅要寻求那些或大或小的错误,而且要为改善业务活动提供指南,他不是处分众人的事后诸葛,而是鞭策人们励精图治的改革者;他不仅关心该做的事是否做了,而且关心事情是否做得恰当。"这句话深入浅出地概括了"服务导向型"内部审计的本质,内部审计人员只有成为内部咨询师、家中的宾客、改革的推动者,才可说充分发挥内部审计的服务与监督职能,才能真正找准内部审计的定位。

关于国有大型建筑企业社会责任问题的思考

程文彬

（中建七局，河南 郑州 450004）

近年来，我国大型建筑企业履行社会责任情况整体良好，在诚信经营、安全质量、环境保护、抢险救灾、促进就业等方面都有较好表现。社会责任是影响企业持续健康发展的重要问题，在很大程度上决定着企业的可持续发展能力。深入分析当前中国大型建筑企业履行社会责任的情况，研究并借鉴全球知名建筑企业的社会责任管理经验，对于促进我国大型建筑企业乃至全行业可持续发展具有十分重要的现实意义。

一、企业社会责任的一般概念及缘起过程

作为一个经济学和企业管理学的观点和课题，企业社会责任问题是舶来品，来源于国外，英文缩写叫做CSR。企业社会责任的发展过程，最早可以追溯到20世纪初。一位经济学家提出了这样一个思想，"天堂不是建立在公司的损益表上，而是建立在每个人的尽责上"。这也就是说，公司的损益表很重要，它反映了一个公司能不能创造更多的物质财富，但是它不能够建立天堂，只有这个公司履行了它的社会责任，人类社会才能成为一个天堂。这种思想提出来以后有一些影响，但没有更广泛地引起整个社会的关注。

到1953年，一个美国人写了一本名叫《企业的社会责任》的书，这本书全面地阐述了在那个历史时期研究企业社会责任的成果，在经济界和企业界引起了高度重视。到了20世纪70年代前后，西方社会里部分企业的这种不道德行为猖獗，社会发展过程中的贫富差距越来越大，生态环境遭到严重的损坏，企业在社会民众中的形象大幅度地降低。

为了解决两极分化、社会贫困，特别是劳资冲突、环境污染等一系列问题，以及改善企业自身形象，企业界融入了一个崭新的管理理念，就是企业社会的责任。1973年，英国政府发表了《企业法改革白皮书》，开始涉及CSR的内容，把社会责任视为公司决策过程中的一项重要内容，要求企业在提供优质产品的过程中关怀职工健康和职业道德，关注社会公众和生态环境，这样才能实现企业和经济的可持续发展，政府第一次把企业社会责任纳入政府的管理之中。

从20世纪90年代开始，西方国家掀起了履行企业社会责任的风潮。在这期间，美国、英国、法国和

欧盟其他的国家,以及一些经济组织纷纷制订了有关社会责任的规定。政府、民间组织和行业协会都越来越关注企业的社会责任问题。所以,成熟、理性的社会环境和消费者群体是讨论企业社会责任的重要基础。

二、企业社会责任在中国的实践

全球经济一体化以后,世界五百强企业中有三分之二到中国开展业务,中国成为世界工厂。一些世界组织和跨国公司针对中国出口企业的劳工问题,为中国向国外供应产品的供货商制定一个中国工厂的守则,只有符合这个守则的方能成为供货商。

企业社会责任在中国的发展有三个阶段。1996~2000年是引入的阶段。在这个阶段,沿海企业作为出口供货商很被动地接受了人家的采购原则。第二个阶段就是本世纪初到2004年这个阶段,开始研究企业社会责任的课题。到2004年以后,中国公司比较积极地参与了这个课题,参与了这个问题的讨论和实践。这个时候,中国政府提出了科学发展观,民间组织也比较活跃,媒体也很关注,企业开始行动。在这个时候,中国有一些企业获得了国际认证机构关于SA8000的认证,就是企业社会责任标准的认证。SA8000最早是一个美国非盈利机构制定的企业社会准则的标准。它有九个方面的内容,其中第一就是童工,第二就是有没有强迫劳动,第三是健康和安全,第四是员工的结社自由和谈判权等等。但是,这些内容有的和中国的国情不相符,以至于中国政府在这个期间,在很多问题上处于一个观察阶段。

在实践企业社会责任方面,应该说中国现在已经有一个非常好的环境了,党和国家在方针政策上为企业践行社会责任创造了极为有利的条件。我们已经看到,落实科学发展观已达到一个新的高潮;绿色GDP,国家的环保一票否决制;新的合同法,全力解决农民工问题;高度重视安全生产,狠抓食品安全等等。所有这些年来中国政府的举措,完全有利于营造企业实践社会责任的环境。

三、建筑企业社会责任内涵

许多重要国际组织对于企业社会责任都予以高度关注,给出了定义,尽管有多种表述,但是其基本内涵和外延一致,即企业要承担对社会的责任,突出地强调利益相关者,特别是劳动者和环境保护。我们认为,企业社会责任是指企业在追求利润最大化的同时,应该为其行为的影响,对社会以及环境承担的应尽的责任或义务,并满足各利益相关者的需求。

对于建筑企业而言,最基本的责任在于创造利润,为社会提供优质的建筑产品,同时要守法经营,依法纳税。更高层次则体现在对企业内部员工要保障他们的合法权益,创造良好的工作环境,实行安全生产;同时也体现在企业外部讲究诚信、尊重消费者的利益、保护环境、维护社会的可持续发展;体现在企业奉献社会,积极参与社区服务、捐资助学、帮困扶贫等社会公益事业。

四、我国大型建筑企业履行社会责任的整体情况

近年,中国建筑企业中的中国中铁和中国铁建分别于2009年4月份通过上海证券交易所发布了2008年度《社会责任报告》,中国建筑、中交股份和中国水利水电建设集团公司(以下简称"中国水电")等企业也通过公司网站等形式刊载了社会责任报告或履行社会责任的相关情况。

在上海和香港两地整体上市、营业规模连续多年位居中国和亚洲建筑企业第一、全球建筑企业第三位的中国中铁,企业使命描述为"建造精品、改善民生",企业精神概括为"勇于跨越、追求卓越",企业宗旨定义为"诚信经营、客户至上、回报股东、造福社会"。公司高管团队在《社会责任报告》中明确表示"一个负责任的企业不仅要积极承担保值增值、创造效益的经济责任,还应该充分履行更为广泛、更为厚重的社会责任,这是企业社会公民的性质决定的,也是人类社会健康发展的内在需要",还着重传导出"发展无止境、责任无止境"的持续社会责任观点和理

念。中交股份领导团队在其《社会责任报告》中提到："我们希望通过履行企业社会责任,激发企业管理创新,变革发展模式,防范和控制风险,从而提高企业的效率和效益。我们要贯彻落实科学发展观,以人为本,努力实现企业的全面、协调、可持续发展。"中国建筑提出要"以人为本,关注员工健康与安全,倾情关爱弱势群体,支持教育发展等,推动社会共创价值,以尽人之性"和"以负责任的态度和可持续发展观,革新施工工艺,实施绿色施工,节能降耗,追求人类与自然的和谐发展,以尽物之性"。总体看来,我国大型建筑企业普遍能够正确看待社会责任,拥有比较清晰明确的社会责任观,无论从概念表述还是对社会责任内涵的认知,都更加接近当今国际一流企业的先进水平,展现出我国大型建筑企业的使命感、正义感和责任感,表达出这些企业致力于人类社会繁荣、和谐发展的共同追求。

从社会责任的实践来看,排名行业前列的大型建筑企业普遍能将企业发展与社会需要相结合,在国家和社会众多关键领域、关键时刻做出了突出贡献。

这些都显示出我国大型建筑企业作为国家基础设施建设主力军,从交通工程到城市建筑,从民生工程到环境项目,精品工程遍布全球各地,推动了企业发展,引领了行业进步,促进了社会建设和经济繁荣。近年来,我国大型建筑企业实现跨越式发展,全球建筑企业十强中跻身四席,为股东创造了利润、为国家创造了税收、为员工提供了收入。这些大型建筑企业普遍更加重视产品质量、生产安全、环境保护、员工发展和社会公益。

中国大型建筑企业普遍能够率先垂范,自觉承担社会责任,在实现企业自身长足发展的同时也为社会作出了日益重要的贡献。当然,从现代管理科学的角度看,和国际知名建筑企业比较,我国建筑企业在履行社会责任方面也还存在一些不足。例如,还存在重责任轻管理、重实践轻规划、重形式轻内涵的现象,还没有建立起完善的现代社会责任管理体系,整体社会责任管理水平有待提高,特别是在将社会责任全面转化为企业竞争力,推动企业可持续发展方面还需要学习和借鉴国际先进企业经验,进一步予以加强和改进。

五、大型建筑企业如何履行社会责任

大型建筑企业作为建筑业的龙头典范应率先做好社会责任的典范。然而企业社会责任始终未能在建筑企业中实现大规模推广,其本质原因在于企业内部没有明确的社会责任推行体系。具体表现在:企业内部没有明确的社会责任目标,没有制订具体的社会责任行动方案,没有专门的社会责任组织机构,以及对于建筑企业的各利益相关者缺乏长期有效的沟通和信息共享。这使得企业在社会责任方面的作为表面化,缺乏目标,无法实现系统化。

六、制定预见型企业社会责任战略

预见型企业社会责任战略即企业在责任到来之前提前采取行动,担负起社会赋予它的责任,以防患于未然。这种战略下,企业对待社会责任的态度应是超前的、主动积极的。企业应首先从可持续发展的角度描述公司所希望达到的现实目标,并制定企业社会责任的政策,期望通过主动承担社会责任来最终实现其愿景。

七、建立专门的企业社会责任推行机构

我国大型建筑企业本身拥有较为完善的管理机制,其中一些部门已经在社会责任方面有所作为,但均未明确地纳入企业社会责任的范畴之中,也未纳入公司的管理制度之中。本文考察国外大型公司的企业社会责任与环境管理的推行体制,认为应从三方面加强企业内部社会责任的管理组织,即任命一个企业社会责任经理;建立一个专门的或兼任的企业社会责任工作小组;并在员工中全面开展企业社会责任教育。

八、实现利益相关者对话

确定所有与企业相关联的群体和个人,并与他们充分交流,可以从中获得很多的收益,因为这些人可以明确地指出公司在社会、环境以及经济方面的

弱势与长处,失败与成功之处。应鼓励利益相关者对话于工程建设期的每一个阶段都予以实施——包括设计阶段、建造阶段以及后期维护阶段等等,以使整个建设过程最具生产效率。

九、建立可追溯的供应链体系

充分了解公司的服务范围以及供应链中的各个成员,与他们分享企业社会责任的知识与经验,以保持整个过程的完整性、一致性。确定是不是所有的材料都来源于优质、环保的途径,是不是所有的供应商都清楚地认识到了企业社会责任的重要性,并将结果记录在案。建立可追溯的供应链体系,不仅可以保持与供应商更为直接且稳固的供应关系,还保证了低价位、优质的供应链关系以及最终高质量的建筑产品,而且最终消费者可以通过查询了解原材料、设备的信息,为建筑产品增加可信度和美誉,也是一种对消费者负责的体现。

十、公开企业社会责任报告

企业社会责任报告是对本年度企业在社会责任方面的作为所进行的总结,包括企业对于社会责任的远景构想与战略、公司社会责任管治构架和管理体系、年度安全与环境业绩、社会业绩、经济业绩以及利益相关者参与程度等。企业社会责任报告需经过第三方独立审计以确保其真实可靠性。企业社会责任报告的公开是对企业在社会责任方面所作努力的肯定以及进一步提高的期望,也是企业勇于接受市场及社会公众监督的表现。

十一、履行社会责任有益于大型建筑企业可持续发展

纵观国际建筑市场,大凡知名的建筑企业都始终重视社会责任对企业可持续发展的影响,在较早以前就已经将充分履行社会责任作为促进企业可持续发展的重要途径,纳入到企业战略发展的整体框架,并已经建立起比较成熟的现代社会责任规划和实践体系。这与我国建筑企业主要还是依靠临时性、零散方式履行社会责任的模式有很大不同,更有利于社会责任履行的整体性、有效性和企业可持续发展,值得我国大型建筑企业学习借鉴。

企业的发展不仅要关注经济指标,而且要关注人文指标、资源指标和环境指标。增强社会责任感是社会发展对企业和企业家的要求,也是推动企业持续发展和成功的核心战略。在全球建筑市场中,企业的位势和持续发展能力越来越依靠于企业经济指标之外的就业、环境和公益表现,这已成为企业将短期优势转化为长远优势、实现可持续发展的重要前提。社会责任相关标准已在很多领域得到应用,成为市场选择企业和企业挑选合作伙伴的重要参考。

作为我国建筑行业的中坚力量,大型建筑企业承担着建设基础设施和民生工程的重要使命,担负着社会、环境和公益方面的重要责任,也承载着打造具有国际竞争力建筑企业的民族梦想。我国建筑企业应充分发挥各自优势,全面借鉴国际先进企业经验,树立现代社会责任管理理念,构建现代社会责任管理模式,以社会责任促进企业可持续发展至关重要。

十二、完善公司治理结构,为企业可持续发展提供制度保障

布依格、万喜、豪赫蒂夫等国际知名建筑企业都是上市公司,拥有比较完善的治理结构和比较规范的运作模式,为企业科学决策、持续发展提供了可靠的制度基础。除中国中铁等少数公司以外,中国大型建筑企业大都不是上市公司,甚至多数企业还没有建立现代企业制度,无论是否考虑社会责任问题,这都已经成为影响企业可持续发展的主要障碍。要提升中国大型建筑企业国际竞争力,实现企业可持续发展,最关键、最紧迫、最根本的还是要建立和完善现代企业制度,理顺和规范公司治理结构,解决决策的科学性、监督的有效性和执行的规范性问题。中国大型建筑企业应尽快按照《公司法》等法律法规要求,建立起包括股东大会、董事会、监事会和经理层在内的较为完善、运转正常的公司治理结构,建立健

全内部控制制度,着力加强全面风险管理,重视惩治和预防腐败,从制度上与履行社会责任形成合力,促进企业履行社会责任的能力、持续发展的能力和抵御风险的能力不断增强。

十三、充分履行应尽责任,为企业可持续发展奠定良好基础

结合全球企业发展趋势和建筑行业发展特点,我国大型建筑企业应进一步深刻认识并充分履行的应尽责任至少包括:通过奉献卓越的建筑精品,改造物理环境,改善人民生活,拉动经济发展,促进社会进步;通过诚信经营,互利共赢,推动行业自律,反对商业腐败,营造健康和谐的产业生态,实现产业协同共进和行业可持续发展;通过引进吸收和自主创新,加大新技术、新材料、新设备的研发和应用,提升技术含量与科技实力,推动产业升级和企业竞争力不断跃升;通过完善管理制度,健全监管体系,狠抓安全教育,落实保障措施,实现企业安全生产,推动安全型行业建设;通过广泛开展合作,全面关注合作者社会责任表现,促进和带动包括金融、地产、工程、机械、材料、物资等相关领域的共同健康成长;通过带头践行环境责任,全面履行国际公约,执行国家环保政策,保护生态环境、节约能源物资、减少污染排放、加强环境治理,推进资源节约型、环境友好型社会建设,促进人与自然和谐发展;通过发挥大型建筑企业的地域优势、专业优势,积极承担国家社会各类重大抢险救援任务,促进社会和谐稳定;还要通过广泛参与公益和慈善事业,积极创造就业机会,大力支持社区建设,以贡献得市场,以贡献求发展,以贡献强优势,以贡献为企业和行业可持续发展奠定基础。

十四、全面提升社会责任管理水平,为企业可持续发展注入新的活力

我国大型建筑企业要学习国际企业经验,着手建立科学、规范、系统、有效的企业社会责任管理体系,包括社会责任规划分析系统、社会责任信息收集系统、社会责任运行控制系统、社会责任绩效评估系统、社会责任披露传播系统、社会责任基础支持系统,逐步用先进的社会责任理念替代现有的粗放理念,用科学的社会责任管理方法替代现有的模糊方法,切实提升社会责任行为的计划性、有效性和经济性;要全面分析、充分重视利益相关方,逐步建立顺畅、规范、富有特色的利益相关方沟通机制,实现与政府、客户、投资者、债权人、合作伙伴、供应商、同业者、公众、非政府组织和员工等利益相关方共同发展,和谐共赢;要统筹企业与行业、企业与社会、企业与自然的关系,寻求规模与质量、近期与长远、责任与效益的平衡,使企业行为更加适应客观规律,更加贴近市场趋势,更加符合发展需要;要改善社会责任组织结构,引进和培养专业人才,补充和提供专项资金,制定和完善专门制度,确保将企业的社会责任构想和社会责任规划转化为企业组织的具体实践行为,并给社会带来切实有益的行动效果;要将履行社会责任时刻与企业可持续发展密切结合,整体考虑,精心规划,在充分履行社会责任的同时,塑造企业形象,弘扬企业文化,优化发展环境,强化发展优势,提升企业核心竞争力,为企业持续健康发展注入前进动力。

企业规模越大,责任就越大,持续发展的压力也越大。中国大型建筑企业在履行社会责任方面具有优良的传统和良好的表现,成为推进祖国建设和行业发展的重要力量,但从社会责任管理理念、管理模式和管理方法等方面还不能完全适应企业可持续发展对社会责任管理水平的更高要求,需要在学习借鉴国际知名企业先进经验的基础上,不断探索创新,不断加强改进。

中国大型建筑企业必须以现代的眼光、战略的思路来重新审视和看待企业的社会责任和可持续发展,将履行社会责任和企业可持续发展统一规划、统一部署、整体推进,要树立勇于担当的责任意识,培养卓尔不群的履责能力,完善现代企业的治理结构,建立日臻完善的管理系统,推行科学精进的实践模式,以在社会责任领域不可替代的现实表现,回报国家、社会和人民,促进企业永续发展、基业长青。

运用科学发展观理论探索集团化建筑企业施工项目管理模式

范训益

（中国建筑工程总公司基础设施事业部，北京 100037）

摘　要：施工项目管理是建筑业的核心管理之一，现在普遍推行的项目经理管项目和法人管项目等项目法施工项目管理模式有力地推进了建筑业的发展，但在集团化建筑企业的施工项目管理上却存在一定的局限性。二级法人管项目是在充分考虑了集团化建筑企业的特点的基础上提出来的法人管项目，是集团化建筑企业以人为本的重要手段，也是可持续发展的重要保障，更是统筹兼顾的具体体现。作者认为二级法人管项目是集团化建筑企业管理直营项目的必然选择。

2003 年 10 月，中国共产党十六届三中全会首次提出我国的发展要坚持以人为本和全面协调可持续发展的科学发展观。2007 年 10 月，中国共产党第十七次全国代表大会再次明确指出：科学发展观是中国经济社会发展的重要指导方针，是发展中国特色社会主义必须坚持和贯彻的重大战略思想。

建筑业已经成为我国国民经济的重要支柱行业，科学推进建筑行业的发展，是实践我国国民经济又好又快发展的需要。施工项目管理是建筑业的核心管理之一，制定符合科学发展观的施工项目管理模式不仅关系到建筑企业的发展，同时也将极大地影响建筑行业的发展。本文在分析建筑企业特点和集团化建筑企业的优势的基础上，通过总结现在普遍推行的项目经理管项目和法人管项目等项目法施工项目管理模式，大胆提出集团化建筑企业施工项目管理模式应该坚持二级法人管项目的原则，通过资源最大化利用、优势最大化发挥，实现项目管理精细化的目标。

一、集团化建筑企业的基本特点

建筑企业是指依法自主经营、自负盈亏、独立核算，从事建筑商品生产和经营，具有法人资格的经济实体。由于建筑产品和施工生产的特殊性，建筑企业在管理上有如下特点：生产经营业务的不稳定性；管理环境的多变性；投标承包方式的竞争性；基层组织人员的变动性；产品计价方式的复杂性；另外，在计划编制、资金占用、企业融资等方面也有一些特殊性。

集团化建筑企业一般具有多个专业施工总承包一级或特级资质，下属一级或多级法人，每级法人至少具有某一专业施工承包一级或专业施工总承包一级及以上资质，集团法人和下属法人同时具有资产规模巨大，经营业绩丰富，社会资源广泛，技术力量雄厚，拥有高水平的管理人员的特点，下属法人还有相当实力的施工力量和各种专业和劳务资源。集团法人主要负责资产管理和经营，在投资、承建、招揽特大型工程项目方面具有相当的能力。

二、现行施工项目管理模式的分析

施工项目管理模式是指工程项目中标后，施工企业采取何种管理形式组织施工生产管理。它涉及组织机构设置、人员配备、物资采购、机械调配、劳务选择与管理以及主要施工技术措施的确定等方面的决策，对施工组织安排、安全质量控制、项目成本控制、资金调度控制等具有重大影响。

为了实现项目利润最大化，施工企业在实际施工中，不断探索新的项目管理模式，从计划经济时期的集权式项目管理，到项目经理管项目，再到法人管项目，均体现了施工企业力求加大对项目实施管理和控制的愿望。但随着施工项目管理水平的不断提高和深入，不同的施工项目管理模式均存在不同程度的局限性，尤其是集团化建筑企业，施工项目管理模式的选择直接决定施工项目管理机构设置是否精练、资源配置是否合理、施工组织安排是否科学等，进而影响施工项目管理目标的实现。为此，选择和探索施工项目管理模式，规避不同施工项目管理模式存在的缺陷，对加强施工项目的管理和控制、提高项目盈利水平，具有十分重大的意义。

1.项目经理管项目

项目经理管项目的核心其实就是项目经理责任制，它是以通过确定项目经理的管理责任，实现施工项目管理的目标。项目经理责任制是建筑施工企业施工项目管理的制度之一，是成功进行施工项目管理的前提和基本保证。其主要优势在于：

(1)确定了项目经理在企业中的基本地位。也就是企业法定代表人在承包的施工项目上的委托代理人。就是说，项目经理既不是法定代表人的"代表人"，更不能成为"法定代表人"，他必须经过法定代表人的授权，并在其授权的情况下进行项目管理。

(2)确定了企业的层次及相互关系，即企业管理层，项目管理层和劳务作业层。

(3)确定了项目经理在施工项目管理中的地位。项目经理是施工项目管理的核心人物，是项目管理目标的承担者和实现者，对项目的实施进行控制，既

要对项目的成果目标向建设单位负责，又要对承担的效益性目标向企业负责。

(4)用制度确定了项目经理的基本责任权限和利益。项目经理的具体责任权限和利益，由企业法定代表人通过"项目管理目标管理责任书"确定。

在这种模式下，项目经理具有实施项目的巨大权利，有利于调动项目经理的积极性，对企业快速做大有一定作用。这种模式虽然也赋予项目经理相应的责任和义务，但受项目经理个人素质和能力以及可获得的资源的限制，项目经理是难以承担相应的责任履行相应的义务的。另外，由于项目的签约主体是企业，所有法律责任必然要由企业承担，因此，按照项目经理责任制组织项目，企业法人实际上失去了对项目实施的过程控制权，却承担了项目的进度、质量、安全、信贷、成本、社会信誉等工程的可能风险和法律责任；企业也难以通过项目实施过程的管理去控制项目的资金成本，使企业利润流失、积累匮乏，不利于企业资源的集中和调配，不利于企业的品牌建设和核心竞争力的形成，严重阻碍了企业的进一步做大做强和转型升级，也造成了工程质量安全隐患的增多和建筑市场的混乱。同时，由于施工项目的物资材料费和劳务费一般占工程造价的 70% 以上，项目经理管项目模式将物资材料的采购权、工程分包权等权利交给了项目，企业难以实施有效的监督，极易发生工程管理的漏洞，甚至滋生腐败。

2.法人管项目

法人管项目是企业通过建立并运行项目管理体系，对施工项目实施有效管理，以实现企业施工项目管理目标的全部活动。法人管项目既不是法定代表人管项目，也不是其委托代理人管项目，而是法人体系管项目。其主要优势在于：

(1)企业通过内部体系建设实施项目策划，确定项目管理目标，实施项目资源的集中控制，特别是人、财、物的"三集中"管控。

(2)企业能通过对多项目实施有效的过程管理控制，实现工程项目管理的成本透明化，有助于争取企业利润的最大化，实现企业权利和义务的统一。

(3)企业通过集中的项目资金财务控制,提高企业资金流动利用率,增强企业的银行诚信度。

(4)能有效发挥企业作为项目技术后台的作用,为实施过程中的安全提供支持,保障工程项目的实施进度和工程质量,为社会提供质量优良、使用放心的建筑产品。

(5)能有效地避免非法转包和分包,彻底堵塞项目管理的漏洞,防止管理人员犯错误,保护人才资源,预防腐败。

(6)有利于实现项目是成本中心、企业是利润中心的管理目标。

需要强调的是,法人管项目的管理模式并不是回到计划经济时代的集权管理模式,它的理念与方式和计划经济时代有根本的不同,与项目经理管项目并不矛盾而是更加协调统一。因为法人管项目看似限制了项目经理的权利,实际上更加明确了项目经理的权利和责任,因此,能在制度上保证项目经理权利的行使。所以说法人管项目的最大优点就是能充分发挥企业与项目两方面的积极性,能充分保护国家、企业、个人应得的利益,有利于企业的持续健康发展。

三、二级法人管项目

二级法人管项目是考虑了集团化建筑企业的特点,经总结提炼出来的法人管项目,是在坚持法人管项目是建筑企业实现施工项目管理目标的有效手段的基础上,发挥集团化建筑企业集团法人和下属法人及项目经理部各自在项目管理方面的优势,坚持集团法人主要负责项目监管,下属法人承担主要管理责任,项目经理部具体执行,实现提高项目中标机会,降低项目营销成本,保证项目履约目标。其主要优势在于:

(1)继承了法人管项目的基本思想,坚持依靠项目管理体系管理项目。由于项目管理体系能明确界定集团法人、下属法人以及项目经理三方各自的责权利,因此,既有利于企业各项管理职能得到落实,避免二级法人的多重管理和行政干预,又进一步明确了项目经理的职责,有利于发挥项目经理的主观

能动性。

(2)二级法人共同组织施工,可以有效配置、整合资源,最大限度发挥资源利用效率。合理配置资源是加强施工项目管理的前提条件,二级法人管项目通过项目经理责任制和二级法人管理体系,项目经理不仅有权,更有责任根据项目总体施工组织规划和目标,充分利用内部人财物等各项资源,做到人尽其才、物尽其用。

(3)有助于提高集团管理效率。按照法人管项目,集团法人要获得业绩维持基本资质,就必须由集团法人实施施工项目管理,为此,集团法人就不得不建立强大的施工项目管理团队,其实质是集团法人自身成了项目管理的完全责任人。按照二级法人管项目,集团法人完全可以依赖下属法人在施工项目管控方面的资源,自己只需要履行监管职责,管理效率当然能得到提高。

(4)有助于避免集团法人和下属法人的同台竞争。实行二级法人管项目,集团法人不需要为了业绩不得不自己管项目,就没必要和下属法人竞争了,更有利于发挥各自的优势,实现1+1大于2的目标。

(5)有利于提高项目中标的机会。根据集团化建筑企业的特点,集团法人无论在资质等级、资产规模、技术储备和技术装备,还是在企业形象、社会资源方面,相比下属法人都要有比较明显的优势,因此在建筑市场竞争日益激烈的今天,以集团化形式参与市场,将大大提高市场竞争能力,特别是在参与重大项目竞争时,效果更加突出。

(6)有利于降低营销成本。和建筑企业的施工项目管理模式不断翻新一样,投资人的工程项目管理模式也是千变万化,特别是一些投资大、建设周期长和能以运营获利的基础设施项目,越来越不再简单采用传统的设计-招标-建造(DBB)模式,而是广泛采用设计-采购-建设(EPC)模式、建造-运营-移交(BOT)融资模式或演变融资模式(如:BOOT、BOO、DBOT、BTO、TOT、BRT、BLT、BT、ROO、MOT、BOOST、BOD、DBOM 和 FBOOT 等)、建设管理(CM)模式、管理承包模式(MC)、项目管理承包商模式(PMC)等。集

团化作战不仅可以避免营销资源浪费，还可以发挥集团公司的综合实力，直接参与项目，避免竞争，从而降低营销成本。

(7)有利于项目完全履约。实行二级法人管项目，集团法人以监管为主，主要履约责任在下属法人，项目经理以执行为主。由于集团法人的监管水平和层次比较高，而且对下属法人既可以采用经济处罚又有相当的行政权力，因此，可以充分行使监管职能。下属法人长期从事法人管项目，积累了丰富的施工管理经验和充足的管理资源，内部管理体系健全，对保证项目的履约更加有利。

(8)有利于加强和业主的交流与沟通。实行二级法人管项目，自然形成了集团法人、下属法人和项目经理部三级沟通渠道，对于特大型项目而言，这样的多渠道、多层次沟通方式，无论对业主还是施工方都是非常有利的，特别是对于由政府主导或大集团投资的大型基础设施项目，多一个沟通层次，将有利于矛盾的化解。

同法人管项目一样，二级法人管项目也不同于计划经济时代的集权管理模式。首先，它不是简单地将中标工程分配给下属法人，而是在获得项目期间，就由两级法人联合运作，相互支持；其次，它也不存在逐层逐级管理问题，而是依据层级特点，分级分层分工负责，联合管理；第三，管理责任通过管理体系界定，责任清晰，避免了推诿扯皮；第四，进一步增强了项目经理在项目管理中的地位和作用，项目经理是集团法定代表人的委托代理人，不仅拥有更加自主的管理空间，而且可以获得更多的保障性资源；第五，可以避免下属法人的本位主义，在集权管理模式下，各级法人办事都会从自身利益出发，无大局观念，但采用二级法人管项目模式后，下属法人是项目管理体系的一部分，集团法人和项目经理都有权打破下属法人的本位意识。

四、从科学发展观的角度认识二级法人管项目

对集团化建筑企业的施工项目管理采用二级法人管项目模式，是我近来经常思索并努力实践的，之前以为这样做还存在一些障碍，但是，通过党校的学习，特别是对科学发展观的研究，我认为集团化建筑企业施工项目管理采用二级法人管项目模式不仅是现实的，而且将有强大的生命力。

1.二级法人管项目是集团化建筑企业以人为本的重要手段

项目法施工的核心是项目经理负责制，但项目经理管项目过分强调了项目经理的作用，项目经理的权力过大，容易出现联营、挂靠、以包代管等非正常管理情况，可能导致管理失控，甚至工程隐患。二级法人管项目通过体系建设，项目经理的管理权力不仅没有丝毫降低，而且其各项管理工作都将置于阳光下，有利于项目经理的成长，可以防止滋生腐败，对项目经理起到了关心和爱护的作用。另外，二级法人管项目可以使集团法人和下属法人都有条件为有志于施工项目管理的人员提供锻炼机会。因此，二级法人管项目是集团化建筑企业以人为本的重要手段。

2.二级法人管项目是集团化建筑企业可持续发展的重要保障

建筑企业的产品和服务都离不开施工项目，因此，其生存和发展永远都依赖于建设工程市场。集团化建筑企业因为规模巨大，不可能像中小型建筑企业一样灵活经营，而必须紧跟投资主流，才能抢占市场先机。二级法人管项目正是顺应了这一需求，它让集团法人有更多的精力从事工程市场和项目投资研究，又让下属法人有机会为集团法人服务，拓展自己的市场。这样既可以促进企业资源的集中和调配，避免企业利润流失，又有利于集团的品牌建设，提升集团的核心竞争力。不仅如此，二级法人管项目能有效地将建筑企业和项目投资人有机结合，为项目投资人提供更多服务。因此，二级法人管项目是集团化建筑企业可持续发展的重要保障。

3.二级法人管项目是集团化建筑企业统筹兼顾的具体体现

二级法人管项目虽然出发点是站在施工项目管

理方,但充分考虑了集团法人、下属法人和项目经理的权益,能有效解决三者之间的重大关系,同时,还能加强和项目投资人的交流与沟通,为项目投资人提供更多的服务。因此,二级法人管项目是集团化建筑企业统筹兼顾的具体体现。

五、二级法人管项目在中国建筑基础设施项目上的实际应用

中国建筑工程总公司(以下简称"中国建筑")是我国建筑业的领军企业之一,在实践施工项目管理模式方面,一直走在行业前列。近年来,中国建筑的基础设施业务也得到了跨越式的发展,分析其成功的原因,离不开二级法人管项目。

中国建筑是2006年开始全面进军基础设施业务的,当年承接了我国西部大开发的重要工程之一——太中银铁路站前工程项目和武广客运专线铁路站房工程——武汉火车站项目,每个项目的投资额都超过了30亿元人民币,但当时负责基础设施业务的基础设施事业部只有20多人,如果采用项目经理管项目或常规的法人管项目,无论如何是没法完成这两个超级项目的。但基础设施事业部的领导认为中国建筑有八个工程局,它们都有非常强大的项目管理力量,而且都有参与基础设施建设的强烈愿望。于是,基础设施事业部开始了二级法人管项目实践。

经过近5年的努力,虽然太中银铁路站前工程项目是中国建筑独立承建的第一条铁路工程,但由于发挥了中国建筑集团化整体优势,该项目已经通过初步验收,并交付使用。武汉火车站项目更是不仅完成验收并交付,而且获得了一大批科技成果和管理成果,工程获得国家建筑工程质量的最高奖——鲁班奖,同时还获得了国家土木工程的最高奖——詹天佑奖。

六、结 论

1.二级法人管项目是将集团化企业的上下级法人通过集团内部管理体系联合起来实施项目管理,是法人管项目的延伸。

2.二级法人管项目是项目法施工的一种表现形式,是集团化建筑企业管理直营项目的必然选择。Ⓡ

住房和城乡建设部出台专项方案
推进建筑施工领域"打非治违"行动深入开展

进一步推进建筑施工领域"打非治违"专项行动的开展,促进建筑安全生产形势的稳定好转,日前,住房和城乡建设部印发了《"打非治违"专项行动工作方案》(以下简称《方案》),部署了"打非治违"专项行动各阶段的重点工作,并提出了相关工作要求。

《方案》要求,各地住房城乡建设主管部门要按照相关要求,加强组织领导,成立由相关部门组成的专项行动领导小组,设立专项行动办公室并制定工作方案。各部门要加强协调联动,明确责任、狠抓落实,加强督促检查,加大查处力度,进一步推进建筑施工领域"打非治违"专项行动的顺利开展。

《方案》还要求,各地住房城乡建设主管部门应加强部门联合执法,加大对违法建设、违规操作的查处力度,严厉打击建设单位规避招标,将工程发包给不具备相应资质、无安全生产许可证的施工单位的行为。严厉打击建设工程项目不办理施工许可等法定建设手续,擅自开工的行为。严厉打击施工企业无相关资质或超越资质范围承揽工程,违法分包和转包工程的行为。严厉打击施工企业从业人员无相应证书,非法从事建筑施工活动的行为。严厉打击施工单位不认真执行生产安全事故报告、负责人现场带班、隐患排查治理等规定的行为。要综合运用法律、经济、行政等手段,对存在非法违法建筑施工行为予以严厉打击。尤其是对于专项行动期间发生事故的,要及时对相关责任单位和人员进行严肃查处,并在新闻媒体上予以曝光。同时,各地住房城乡建设主管部门要高度重视"打非治违"专项行动信息的统计及报送工作,应明确专人负责,并确保相关信息报送的及时性、规范性和有效性。Ⓡ

建筑企业基础设施融投资建造业务模式及风险管理探析

荆 伟

(中国建筑工程总公司 基础设施事业部，北京 100088)

摘 要：我国的基础设施主要包括水务设施、电力设施、燃气设施、固废处理、收费公路、铁路、桥隧、机场、港口、轨道交通、地下管线、邮电通信、场馆设施等，其建设投入需要的资金规模一般十分庞大，建设周期和投资回收期长，对资金的持有期限要求也较长，融资难度巨大。本文主要介绍了中国建筑这样的特大型建筑企业实施基础设施融投资建造业务的基本模式和主要特点，并就融资建造项目风险管理进行了初步的探析，例举了几种可能的非系统性风险，以及规避风险、管控风险的方法与举措。最后结合实际，提出新形势下建筑企业基础设施融投资建造业务发展的几种对策。

一、引言

改革开放以来，我们经济保持持续高速增长，经济增长和城市化的加速加大了对基础设施建设需求，以政府为主导的基础设施建设，在高速铁路、高速公路、机场、市政道路等基础设施建设方面发挥了巨大的作用。但今年以来，随着国家宏观调控的力度不断加大，银根紧缩，融资成本越来越高、融资难度越来越大，单一的以政府投资为主导的基础设施建设已经越来越不能满足发展的需求。特别是对于中国建筑这样的建筑企业来说，如何更好的在市场竞争中抓住机遇，充分利用中国建筑股份有限公司上市后强大的资本优势，在这一轮宏观调控中实现中国建筑基础设施业务的跨越式发展，使其成为主营业务全产业链的重要组成部分，就必须创新业务模式，更好的发挥资本的作用，完善风险管理工作，做好融产结合这篇文章。

二、基础设施融投资建造业务的几种模式

1.传统的BOT、BT模式

BOT是"建设—经营—转让"的英文缩写，指的是政府或政府授权项目业主，将拟建设的某个基础设施项目，通过合同约定并授权另一投资企业来融资、投资、建设、经营、维护该项目，该投资企业在协议规定的时期内通过经营来获取收益，并承担风险。政府或授权项目业主在此期间保留对该项目的监督调控权。协议期满根据协议由授权的投资企业将该项目转交给政府或政府授权项目业主的一种模式。适用于对现在不能盈利而未来却有较好或一定的盈利潜力的项目。

BT(建设–转让)是BOT的一种演化模式，其特点是协议授权的投资者只负责该项目的投融资和建设，项目竣工经验收合格后，即由政府或授权项

目业主按合同规定赎回。适用于建设资金来源计划比较明确，而短期资金短缺经营收益小或完全没有收益的基础设施项目。

传统的纯基础设施投融资项目因占用资金大、投入时间长、融资难度大等问题，在现阶段具体的实践中已经很少被采用。而优质的BOT项目，如主要城市的机场高速、主要能源通道的连接线等项目基本都已经完成，寻找"好"项目的难度越来越大。

2.融投资建造模式

融资建造模式（Financing Construction）以承包商的视野，站在项目投资商的高度，在保证社会责任的基础上，使融资运作贯穿项目建造的全过程，提升项目总承包与业主监督的层次。通过项目投资与建造有机的、集成相关社会因素和生产要素的项目，规范、提炼和升华项目建造的各种管理活动，大大提高项目建造过程的社会效益和经济效益。这种模式既不同于传统的项目投资和施工总承包，也不同于BOT模式，是将融资、设计和建造三位一体、符合总承包商运行需求的一种"以融投资带动总承包"的创新模式。

融资模式在众多的项目建造方式中具有基础性、拓展性的独特魅力，既不是单纯的投资活动，也不是简单的设计加建造活动。它将传统的生产经营与资本经营相结合，以金融工具、资本市场和基础设施项目为载体，特别是政府基础设施项目市场化、企业化运作，借助项目融资的特点解决建设资金来源问题，借助工程总承包特点解决优化设计和精细化建造问题，把项目总承包管理方式及企业与相关社会因素有机的整合和优化配置，使承包商、业主实现社会、经济效益双赢。这种模式有利于国民经济和基础设施建设的健康发展；有利于完善社会主义市场经济，促进企业成为市场经济主体和政府职能的转变；有利于建筑业及大型建筑施工企业加快经营结构的调整和产业结构优化升级的步伐；有利于大型企业提升国际化、集团化、专业化的层次；有利于促进不同企业在不同经营层次上就位；有利于大型企业在国际市场上提升综合竞争力；有利于国内外一体经营，保障"走出去"战略模式的实施质量；有利于企业拓宽思路，提高效益、发展规模和品牌影响力，

是一项由承包商实施项目融资建造的崭新事业。

融资建造类项目适用于目标区域具有重大战略意义的基础设施项目，应注意的是政府应承诺出具同意采取该模式建设的政府常务会议纪要和同级人大同意将政府还款纳入财政预算的决议，以保证回购顺利。

3.多方合作模式

（1）PPP为"公私合伙制"，指公共部门通过与私人部门建立伙伴关系提供公共产品或服务的一种方式。PPP包含BOT、TOT等多种模式，但又不同于后者，更加强调合作过程中的风险分担机制和项目的货币价值（value for money）原则。PPP模式是公共基础设施建设中发展起来的一种优化的项目融资与实施模式，这是一种以各参与方的"双赢"或"多赢"为合作理念的现代融资模式。其典型的结构为：特许经营类项目需要私人参与部分或全部投资，并通过一定的合作机制与公共部门分担项目风险、共享项目收益。根据项目的实际收益情况，公共部门可能会向特许经营公司收取一定的特许经营费或给予一定的补偿，这就需要公共部门协调好私人部门的利润和项目的公益性两者之间的平衡关系，因而特许经营类项目能否成功在很大程度上取决于政府相关部门的管理水平通过建立有效的监管机制，特许经营类项目能充分发挥双方各自的优势，节约整个项目的建设和经营成本，同时还能提高公共服务的质量。

（2）央企合作模式指大型建筑企业通过和电力、石油石化、各类开发投资公司以及其他资本实力雄厚但无自有施工企业的央企合作，通过战略合作协议、项目合作推进等形式，发挥央企的政治优势，与地方政府联合开展基础设施建设的开发模式。这种模式的特点是央企强强联合，地方政府欢迎、政策优势明显、占用资金小、项目体量大、资金回收快。

（3）融产合作模式及金融资本与建筑企业相结合，组成联合体共同与政府推动基础设施投资建设，建筑企业让渡一部分施工利润给金融资本以弥补融投资建造回报率的不足，建筑企业通过金融资本的联动实现大项目的项目总承包，政府通过引入联合体，推动区域基础设施建设的发展。

4.ABS模式

ABS 是（Asset－Backed－Securieization）即"资产证券化"的简称。这是近年来出现的一种新的基础设施融资方式,其基本形式是以项目资产为基础并以项目资产的未来收益为保证,通过在国内外资本市场发行成本较低的债券进行筹融资。规范的 ABS 融资通常需要组建一个特别用途公司(Special Purpose Corperation,SPC);原始权益人(即拥有项目未来现金流量所有权的企业)以合同方式将其所拥有的项目资产的未来现金收入的权利转让给 SPC,实现原始权益人本身的风险与项目资产的风险隔断;然后通过信用担保,SPC 同其他机构组织债券发行,将发债募集的资金用于项目建设,并以项目的未来收益清偿债券本息。

ABS 融资方式,具有以下特点:与通过在外国发行股票筹资比较,可以降低融资成本;与国际银行直接信贷比较,可以降低债券利息率;与国际担保性融资比较,可以避免追索性风险;与国际间双边政府贷款比较,可以减少评估时间和一些附加条件。其运作流程可简要图示如下:

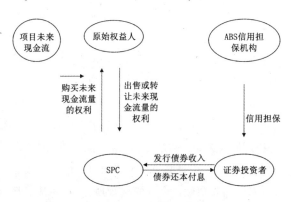

ABS 广泛应用于排污、环保、电力、电信等投资规模大、资金回收期长的城市基础设施项目。

5.基础设施产业投资基金

基础设施产业投资基金即组建基金管理公司,向特定或非特定投资者发行基金单位设立基金,将资金分散投资于不同的基础设施项目上,待所投资项目建成后通过股权转让实现资本增值,其收益与风险由投资者共享、共担。这一方式的优点在于可以集聚社会上分散资金用于基础设施建设。其操作模式如下:

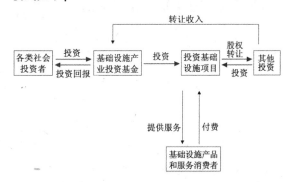

产业投资基金本质上也是权益性资本,与一般的实业投资不同的是:一是不谋取控股地位,不参与直接经营和管理,但须派董事参与管理;二是所投资企业成功上市后,产业投资基金一般会退出,若不能成功上市,产业投资基金也会考虑将股权及时转让出去。从这个角度看,产业投资基金并非永久的长期投资者,而是阶段性的投资者,金融界常称之为"战略投资者"。由于阶段性的持有股权,产业投资基金也因之分为种子期的产业投资基金、孵化期的和成长期的产业投资基金等等,并在不同类型的产业投资基金之间产生了股权相互转让的业务市场。基础设施融资建造项目除了债权性的银行贷款、吸收直接投资及 BOT、ABS 等一些创新型工具外,也非常适合于吸收产业投资基金的加入。

6.项目群开发模式与全产业链开发模式(横向一体化与纵向一体化)

项目群开发模式指在特定区域内有许多类型的基础设施项目,如市政道路、水系景观、污水处理及管网、供电供水等基础设施,项目组群打包签订融投资建设协议,一次签约、分批施工、完工及回购。这种开发模式类似的特点是项目分散化,实施简单,商务条件统一,以小资金撬动大批项目,可以有效降低管理成本。

全产业链开发模式能充分发挥大型建筑企业在勘察设计、投融资、工程总承包、房地产开发、物业管理等方面的综合优势,做到设计—资本—工程总承包—地产—物业的一体化发展,通过全产业链的联动效应,挖掘项目的深度与广度,提高整体利润率水平。

三、融资建造项目风险管理

随着建筑企业越来越多的开始采用投融资建造模式进行基础设施建设,对融投资的风险控制日益重要。然而,新型融资建设形式,由于发展时间短,在实际操作上还处于探索阶段,没有成熟的运作模式可以借鉴,因而容易引发各种风险。

对于基础设施融投资项目建筑企业来说,由于基础设施项目的投资金额巨大,因此,在投资前充分进行项目风险的识别、分析和评价是非常重要的,而且投资人应该在风险识别的基础上,对各种风险进行管理,达到控制、预防风险的目标,确保项目顺利完成,投资能够顺利收回。

1.融资风险

融资风险主要指在融投资项目开始时或投资超预算时投资人资金不到位和融资成本上升等风险。大型基础设施投融资项目投资金额非常大,一个项目少则投入一两亿,多则投入几十上百个亿,如此巨大的资金投入,单靠投资人的自有资金往往不能满足投资需求,还需要通过投资人再融资来获得建设资金。因而,投资人的再融资能力就成了项目能否顺利完成的关键。如果投资人对自己的再融资能力估计错误,盲目以融投资模式承接基础设施项目,则有可能会产生资金链断裂的风险。另外,投资人还面临着顺利融资后的融资成本上升风险,例如利率、汇率等发生变动,导致投资人的融资成本增加从而降低投资收益甚至产生亏损。

风险管理方法:

(1)采用项目融资方式

投资人在进行基础设施投融资项目融资时,最理想的融资模式是采用国际上常用的"项目融资"的方式。项目融资是以项目本身良好的经营状况和项目建成、投入使用后的现金流量作为还款保证来融资的。投资人应成立专门的项目公司承接基础设施投融资项目,之后以项目公司为主体申请金融机构的贷款,尽量避免由投资人直接提供抵押和担保,从而将风险与投资人本身隔离开来。

(2)充分评估融资方案可行性

投资人应在基础设施投融资项目投标前对融资方案的可行性进行充分的评估,看投资人的自身实力和基础设施投融资项目情况能否满足金融机构贷款的要求。如果融资方案可行性不高,投资人应慎重考虑是否要承接该项目。另外,投资人应尽量在项目正式签约前确定金融机构的贷款意向并准备备选融资方案及投资超支应对措施,从而尽量降低投资资金不到位的风险。

(3)转移融资成本上升风险

投资人应在项目初期对影响融资成本的经济政策进行预测分析,通过敏感性分析研究利率、汇率等意外波动引起的融资成本变动情况,分析自身的承受能力。另外,投资人可以通过在融资协议中锁定融资成本或者在融投资协议中约定由回购方承担融资成本变化风险来降低自身的风险。

2.回购风险

回购风险是指基础设施投融资项目投资人面临的项目回购方不能按合同约定支付回购款项的风险。基础设施投融资项目投资的回收主要依赖于政府回购,因此投资人的回购风险主要集中在政府履约上。政府履约回购主要取决于政府信用和政府的财政能力。尽管基础设施投融资项目回购方一般为地方政府,政府的公信力和信誉相对来说比较高,但回购风险仍然存在。有些地方政府目前只是以能融资为目的,对回购付款的意识并不强,特别是在一些经济欠发达地区,政府官员为了在任职期间体现其政绩,又苦于没有资金投入基础设施建设,所以采用 BT 模式吸引外来资金投建项目。但一些政府没有对回购款项做出合理的财政预算,有些甚至都没有考虑到支付回购款项,而是把付款的包袱丢给下一届政府。这种行为会对项目投资人形成巨大风险,极有可能导致投资人投入的资金无法收回。

风险管理方法:

(1)充分调研政府信用和财政能力

在基础设施投融资项目立项初期,投资人应对当地政府的信用和财政能力做好充分调研,从源头上降低项目的回购风险。政府信用主要看当地政府在以往实施基础设施投融资项目时的履约情况,如果之前当地基础设施投融资项目运作较为规范成熟并且政府能够按照合同约定实施回购,那就说明当地政府信用较好。政府财政能力主要看当地的财政收支情况,如果当地经济水平较高,政府财政收入达到一定水平并保持稳定增长趋势,那就说明政府财力较好,项目回购风险较小;如果政府负债过多或财政收入波动较大,则项目回购风险较大。另外,投资人还应重点考察当地政府对项目回购是否安排有明确的资金来源、项目回购资金是否纳入当地财政预算、政府是否提供足额的回购担保、政府换届等一系列因素,尽可能为将来项目顺利完成回购提供保障。

(2)重视回购协议的签订

对于基础设施投融资项目,投资人必须重视回购协议的签订,在前期谈判中尽可能考虑到项目运作过程中可能出现的问题。回购协议必须明确工程计量确认的流程、工程造价确认的方式、回购款支付方式、回购担保等基本条款。如果在回购协议中未能就关键条款进行约定,应当以补充回购协议、签署备忘录等方式加以补充完善。

四、发展对策

1.做解决方案提供商

我们现行的基础设施项目投资建设主体还是各级政府,在宏观调控、银根紧缩的形势下,政府也在积极寻找基础设施建设的战略合作伙伴,寻求以BT、BOT等模式加快基础设施建设。但是往往政府对BT、BOT等投融资建造业务的运作模式缺乏经验,国家又没有现成的法律或者规范,造成政府和融投资建造商在商业条件的设定上容易产生分歧。建议根据客户的需求,量身定做项目的商业解决方案,并且要说服业主接受。在商业模式的设定上,要充分考虑政府和业主的需求,以需求为出发点,在法律规定的框架内,创新融投资模式,以中标为硬道理,撬动更多大项目。

2.以融资为中心,以利润为出发点的融资建设模式

建筑企业做基础设施投融资建造业务,最根本的出发点是工程总承包,核心是利润。在新形势下,项目的主要任务是落实融资,落实有效担保,以融资条件为基础,洽谈项目的商务条件,在对接大业主、大项目、大市场的同时,要更加注重项目盈利能力,以利润为出发点,驱动项目履约。在落实融资的同时,将融资的担保条件,向政府和业主进行说明,争取政府和业主提供融资所需要的担保条件。在与第三方合作开发并需要让渡施工利润的时候,要注意测算项目整体收益,注意项目收益率,保证集团基础设施利润率水平。

3.紧跟国家战略,做好央企合作

基础设施融投资业务是与国家的发展战略紧密相连的,国家的战略发展区域基础设施一定会先行发展,各种融投资条件也相对优惠。特别是"十二五"规划确定的重点区域、重点行业的基础设施配套工程,都是大型建筑企业未来紧跟国家发展战略、不断壮大自己的有利条件。

另外,加强与特大型央企的战略合作,充分发挥中建在央企中的政治优势,发挥协同效应,在电力、铁路、交通、能源类基础设施建设上保持自身优势,更要在石油化建、港口水利等领域有所突破。

五、结　语

目前基础设施融投资模式在我国尚处于摸索阶段,如何更好地运用基础设施融投资建造的模式,更好的管理控制基础设施投融资项目风险,保障基础设施投融资项目融资和建设顺利实施,还需要我们在实践中不断摸索和不断总结与创新。®

参考文献

[1]刘锦章.承包商与融资建造.

[2]曾肇河.公司投资与融资管理.

[3]卢志勇.BT项目投资人的主要风险识别和管理.

[4]黄如宝,王挺.我国城市基础设施建设投融资模式现状及创新研究.同济大学经济与管理学院.

[5]李凤君.城市基础设施融资模式的探讨.

[6]印成玲.城市基础设施投融资模式比较研究.

[7]中国银行国际金融研究所.各国城市基础设施建设融资的做法与模式.

关于基础设施项目建设过程中的
几 点 体 会
——浅谈施工中需要解决的问题

张新民

(中建六局中建技术公司，天津 300450)

一、我国基础设施建设的春天依然存在

进入 21 世纪，我国的基础设施建设突飞猛进，虽然投资主体和建设模式不尽相同，但相对来说资金都是到位的。特别是 2008 年全球经济危机之后，国家为了拉动内需，仅在基础设施领域就投入 4 万亿元，再加上地方政府的配套资金达到了 20 万亿，我国的基础设施建设迎来了一个前所未有的热潮，同时，以客运专线为主的铁路建设也突飞猛进，共同形成了基础设施建设的黄金时期，释放了巨大的基础设施建设能量。

我个人认为，我国建国 60 年来，真正大规模地进行基础设施建设就是在近十多年来，基本上属于补历史的欠账。到 2010 年底，我国的高速公路通车总里程有 6.5 万公里，铁路通车总里程也达到 8.7 万公里，虽然均居世界第二位，但是仍然存在分布不均、运能不够的问题。再加上港口、水利、石化、环保等领域也需要改造建设，因此，在我国和平发展的大环境下，基础设施建设的潜力还很大，所以我觉得，在今后的 10~20 年里，我国路、桥等基础设施建设还将是稳步增长的时期，铁路建设今年虽然有所放缓，但是经过短时期的调整，也还会重新走上快车道，特

别是客运专线的建设方兴未艾，所以，客观上表明，我国基础设施建设的春天依然存在，前景广阔。

因此，作为以道路、桥梁、铁路等基础设施项目施工为主的企业，在未来一段时期里，尽管竞争依然激烈，但只要把在手的工程做好，创造良好业绩，前景非常看好。

二、中国建筑在基础设施建设领域大有可为

中国建筑是近年来基础设施建设领域成长最快的大型建筑地产综合企业集团，不仅依靠技术、人才和管理优势，在国内外公路、铁路、市政、桥隧、环保、石化、水务等建设领域快速发展，而且依靠中国建筑雄厚资本实力，迅速发展成为了中国一流基础设施投融资发展商，在 BT、BOT、EPC 等高端领域备受信赖。

从 2007 年起，中国建筑总公司就提出了经营结构转型思路，决心突破传统的房建独霸天下的局面，逐步向以路桥为主的基础设施领域迈进。2009 年 7 月，中建总公司以其主营业务整体上市，一举成为当年全球最大 IPO，一次性募集资金 500 亿元人民币，其中的 36% 集中在基础设施业务。基础设施作为中

国建筑重要支柱产业,2010年实现年新签合同额近1 000亿元人民币。中国建筑近年来在国内先后承建了一大批国家和地方重点工程,基础设施投融资业务快速增长,近年来已累计投资几百亿元,建设了一大批重要基础设施工程。以上成就足以说明,中国建筑在基础设施建设领域不但能有作为,而且大有可为。所以,我们向基础设施领域转型的既定方针不仅不能动摇,而且还要坚定不移地向前推进。

在中国建筑所属的各子企业中,中国建筑第六工程局在已经有很好路桥业绩的基础上,积极响应总公司的号召,更加坚定地加快向基础设施转型,而且创造了更好的品牌,在中建系统创造了包括"场馆、市政道路、桥梁"鲁班奖在内的"十个第一",并在中建系统率先提出了5年内实现经营结构"规模比例631(房建60%、基础设施30%、房地产10%)"的奋斗目标,打造具有基础设施工程施工特色的工程局。

三、在施工过程中要重视并解决的六个问题

在基础设施项目的施工中,有着房建项目难以比拟的困难,需要我们做好思想准备,充分预见到各种困难,并科学分析、权衡利弊、化解危机,确保企业的利益。

如何做好基础设施项目,根据我在六局的工作实践,有以下六点体会和思考,只要把这些问题解决好,项目就成功了。

(一)前期需要大额的资金投入

基础设施项目要么是公路、桥梁、铁路等交通大动脉,要么是港口、电厂等事关国计民生的项目,都是国家的重点工程,投资都在几十亿数百亿,因此,这么大的规模、这么大的投资,技术和施工难度肯定很大,会有很多意想不到的可能需要克服,没有资金和技术实力的企业是承担不了这样的重任的,所以,也只有像我们这样的国有大型施工企业才能获得更多的机会。

具体来说有两种模式:如果是总承包施工,按惯例和相关规定,工程项目中标后,业主都会要求中标单位交数额可观的现金履约保证金(一般为合同额的10%)和民工工资保证金,否则将无法获得施工权。现在的基础设施项目标段划分都比较大,基本上都在10亿元以上甚至更大,履约保证金都会在1亿元以上,因此,企业要有充足的资金做后盾,或者有较强的资金运作能力,才能够按要求拿出保证金,工程才能顺利中标。工程一开工,就能获得工程预付款,预付款对工程顺利施工是有保障的。但第一次计量往往比较慢,所以前期资金占用会很大。如果在施工过程中再有什么变故,可能占压资金的时间会更长一些;如果是以BT或BOT模式建设,就更要有足额的启动资金作项目开工的保证了,而且还有做好项目前期运作的经验,以确保项目正常进行。

(二)创造施工条件要主动

在房建施工领域,业主最起码提供了"三通一平",有的甚至达到"六通一平",施工现场基本上是独门独院、自成一个"独立王国",可以在现场不受干扰地施工。而公路、桥梁、铁路施工现场是全开放性的,是没有围墙的战场。最大的难点就是红线内的征地拆迁问题,往往由于各种原因,造成业主交地不及时,有的是断断续续地交,而且不能连成线,即使地交了,又因为地上的房屋、线杆、青苗,地下的管、线、文物等等不能移走和处理,有的业主还不能及时提供施工用电,有时也可能因为设计已经发生了变化,有的也可能会因为老百姓有理或无理地阻挠施工。总之,公路、桥梁、铁路现场影响工程施工的不可预见性的因素很多,而大部分应该是业主协调解决的。但假如业主的工作力度不够或者社会各方面不积极配合,施工单位是耐心地等待条件成熟再施工,还是积极主动,宁可增加点成本也要为自己多创造工作面呢?实践证明,后者是明智的选择。施工单位替业主办了他们顾不上或比较棘手的事情,在结算时肯定会给以施工单位以适当的补偿。

现在,各地方政府和部门对公路、桥梁、铁路施工有一个不成文的惯例,就是只要工程一开工,哪怕交给你几百米,你就得立即开工,做到全面开花,时

间不断空间占满。一个公路、桥梁、铁路等基础设施项目投资数十亿甚至上百亿，且分为多个标段，各施工单位自然形成了竞争、"比武"的态势，为了促使工程大干快上，地方政府、交通、市政、铁路等建设主管部门、业主、质量检查等部门安排的各类检查、评比会经常发生，可能会把落后标段的工程切割一部分给别人，并且往往要加罚10%~20%，甚至实行"末位淘汰"，对施工队伍进行清退处理。所以，交了红线内的地工程进度却上不去，业主肯定会按合同进行处罚。

现实表明，基础设施项目不可能条件都具备了才请你来施工，条件要靠自己来争取、创造，在施工中遇到一些问题和困难，当业主解决不及时或不积极时，施工单位可以在业主同意的情况下先行解决，即使增加点成本、付出点代价，但能保证施工顺利、缩短工期，也是得大于失。而什么事一味地向业主等、靠、要，一等几个月甚至一年，到头来可能问题没解决多少，工期倒给耽误了，虽然省了点"不该花"的费用，但实际上大大增加了成本和工期风险，出现被动局面，必须花费更大的成本来赶工期。所以，要克服侥幸心理，学会用"花小钱省大钱、用小钱办大事"的办法来处理施工环境恶劣等客观因素对施工的影响。当然，这要因地制宜、因时制宜、因人制宜，而且，看准了的要当机立断，不能优柔寡断、议而不决。

(三)施工顺序的选择

房建施工中，从打桩、开挖、基础到上部结构，再到装修、水电安装，都是有先后顺序的，前道工序不完无法进行下道工序施工，可以按部就班，是立体、渐进式的。而路、桥、铁路等基础设施项目则不同，它是平面式的，由于它线长、点多、面广，所以，只要有工作面就可以立即着手施工。桥梁、涵洞等构筑物和隧道等控制性工程的施工应该先行一步，这样有利于连点成面、组面成线，实现长距离的贯通;反之就不能尽快连成线，不但无法充分发挥大型设备的功能和效率，造成人力、机械窝工，而且可能因为施工面太多、太散、太乱，质量和工期都不太好控制，从而影响总工期，严重的影响造成履约，带来恶性循环。所以，基础设施项目中标之后，要充分

考察了解施工现场，对地上、地表、地下、周边的自然和人文环境作一个详细调查，然后根据实际情况，做一个切实符合实际的项目策划和施工组织设计，对施工的顺序做出科学、合理的安排，既保证资金、资源的充分利用不浪费，又能够保证工程进展最理想、符合业主的要求，做好履约。这样，对于我们及时进行工程计量，及时回收工程款，再投入新的施工工序，形成良性循环具有决定性的作用。

(四)要妥善处理周边施工环境问题

干任何工程，都要按照建设行政主管部门或地方政府制定的标准来搞好文明施工，特别是对于我们这样国际化的上市大集团公司，有高于地方政府要求的文明施工标准、有我们的企业商标、有我们的"CI"现象展示，应该说，我们现在的房建项目基本上做到了施工现场像小区、办公区像花园、农民工宿舍像招待所。但对于道路、桥梁、铁路这种绝对开放式的施工环境来说，主要解决的问题已经不是自然环境了，而是争取一个良好的人文施工环境，就是解决好老百姓的阻工问题。

进入红线的过程甚至在红线内施工都会受到周围老百姓的阻挠，不管是老百姓正当的要求还是无理的要求，不管是施工扰民还是老百姓"闹事"，一出问题就要很快解决。如果是正当要求，施工单位应该本着不与民争利的原则尽量满足，即便是要求有点过分，假如能够以小的付出为代价能解决好就做出让步，但确实无理取闹而又软硬不吃者，我们要有点冲劲、闯劲，在万不得已的情况下，要及时与地方政府、公安机关进行沟通，请求他们的支持，争取最好的结果。

基础设施项目施工周期都比较长，在此过程中，客观环境和施工条件会千变万化，施工的过程就是一个产生矛盾解决矛盾的过程，通过努力能和平共处、互不干扰更好，但有时需要以柔克刚、有时需要硬碰硬，这就需要项目经理和主要施工管理人员有随机应变的能力。

(五)要选择有实力的分包商

施工单位完成工程施工任务主要靠专业分包

商,可以说,分包商既是我们的合作伙伴,也是施工单位的衣食父母,所以,施工单位要有一个基本理念,那就是在合作伙伴正常施工和管理的情况下,尽可能保证他们在规范管理的前提下有利可图,实现"双赢"。

我们进行专业分包也是通过公开招标方式,基础设施工程施工需要大的投入,假如采用最低价中标,真正有实力、能为总包作劲的队伍可能因为报价高而获得不了分包权,而以最低价中标的却可能是实力不强的队伍。这样的队伍进场后,有可能因为实力不够、投入不足、技术力量不强,造成工程进度上不去、质量无保障,有的甚至一进场后大喊标价太低,要求总包方提高单价,否则就消极应对,往往搞得总包方很被动,还得反过来替他们投入,"扶上马送一程"。有的项目甚至体现着成也分包、败也分包,个别不讲诚信的队伍,就是抱着恶性竞争进来,之后不认真施工,等着总包清场,然后索要高额工程款,不满足要求就采取非常措施制造影响,逼总包让步,总包往往会被他们拉下水,这样的结果不是"双赢"而是两败俱伤,可能会被业主一起清掉。

所以,在选择分包的时候,看似采取最低价中标我们获利空间大,实际上也会冒很大的风险,因为与业主履行合同的主体是我们而非分包商,分包商的一切问题都要由我们总包来承担。所以,对分包商不能抠得太死,在分包招标中,采用建筑市场现在流行的"最低价中标"模式并不一定是好事,要通过考察分包商的业绩,综合平衡之后,选择有一定实力、报价合理、能为总包作劲的队伍来合作。

除了分包商,自己也要有关键的资源和后备队伍,以防撤换和增加队伍时措手不及,更不能让分包商牵着我们的鼻子走。再则,对曾经合作的队伍也要一分为二、慎重考虑,不能因为是老关系就来者不拒,假如干得好,大家皆大欢喜,而干砸了,受伤的往往还是自己,实际上,有时施工单位就是倒霉在了关系队伍上,所以对关系队伍也要认真考察。

选择好合格的分包商,必须签合同后方能进场施工,否则,仅凭老关系、口头约定、领导打招呼,将会后患无穷。有的分包商,谈的很好,就是不签合同就进场,施工过程中,他们会以各种理由要求提高单价,甚至漫天要价。

(六)索赔要理直气壮

由于我国市场经济发育还不太健全、机制还不完善,加上个别企业诚信意识不强,几年前,经常以"低报价中标,高索赔获利"思路去经营,投标报价时靠领导拍脑袋,不计血本,盲目压价,中标后再想方设法提出高额索赔,这种办法确实让一些企业尝到了甜头。但是也有不少造成两败俱伤的事情发生:承包商亏本经营,愈陷愈深,不能自拔,进度质量安全无保证;业主想建一个合格的工程、高效的工程,结果事与愿违,换来的是胡子工程、豆腐渣工程。

我觉得,是否索赔,既要按合同办事,还要结合实际情况,寻找对自己有利的"证据"。

在索赔的问题上,施工单位似乎总处在被动和弱小的位置,按合同对业主进行索赔,只能先报单子,"秋后算账",是否能索赔成功、能索赔多少是个未知数,所以往往对业主的索赔不是很积极,总认为索赔最后不一定能得到,怕白忙活。

索赔是施工单位的正当权利,也是企业降低成本、获取效益的有效途径和手段,因此要理直气壮。要知道,你主张自己的权利,按规定进行索赔,最后肯定会有收获,反之,你不主张索赔,业主不可能主动赔你,即使业主同情和理解你,也没有"依据"对你进行补偿。当然,索赔成功的前提是要在签证、设计变更等方面给予更多的理解和同情,这方面既要有经验更要有技巧。因此,每个项目要设专人负责,上对业主下对分包方,及时处理往来的索赔单据,确保利用索赔这个环节为企业创造效益、减少损失。

总之,我国的基础设施建设前景广阔、市场容量仍然很大、基础设施事业方兴未艾,基础设施建设的春天依然存在。中国建筑作为最大的建筑房地产上市集团,在基础设施领域会大有可为,而且已经取得了非凡的业绩,尤其是中建六局在向基础设施转型方面起步早、业绩好,创造了中建系统的"十个第一",既定的转型目标不能改变。®

项 目 管 理

准军事化管理
在中建八局工程施工管理中的应用

张岱钧

（中国建筑第八工程局有限公司，上海 200120）

摘　要：有人把企业文化等同于企业的核心竞争力，虽然这一观点仍然值得商榷，但这从某种程度上反映出二者惊人相似之处，那就是独一无二、不可复制。黑格尔说世界上没有两片完全相同的树叶，人有个性，企业有特性，植根其上的企业文化必然不可替代。要想把具有万千思想的员工意识形态统一到企业发展的大步调中，就必须有与自己企业特点相结合的自有企业文化。

一、当前在企业发展中遇到的问题

（一）企业高质量发展带来的新情况

在国家实施十二个五年规划和中国建筑实施"一最两跨、科学发展"战略背景下，中建八局迅速发展，年平均增长幅度高出全国固定资产投资平均增幅8个百分点以上。企业在履行社会责任，不断成长、壮大的同时，不得不面对营销规模的迅速扩大、社会职责的不断提升与人力资源不足的矛盾。

近年来，八局营销质量进一步得到提高，高端市场的开拓能力不断加强。先后承建了国内外多项代表中国建筑业水平的工程，如酒泉卫星发射中心、环球金融中心、南京南站、大连国际会议中心、首都机场交通中心、深圳大运会主体育场、埃塞俄比亚非盟会议中心、毛里求斯国际机场等一系列体量大、技术含量高、专业数量多的"高、大、新、特"工程。

同时，八局作为中国建筑行业的排头兵，部队的优良传统、国有企业的性质，决定了奉献社会、报效国家是我们与生俱来的品质。我们主动参与社会救助和公益事业，战斗在祖国和人民最需要的地方。近年来，先后赴四川"5.12"地震灾区抢建完成1.8万套过渡性安置房，赴都江堰援建完成壹街区大型社区和6所学校，赴玉树地震灾区参与长达3年的灾后重建工程。在积极履行社会责任的同时，面临着援建工程工期紧、任务重、地形复杂、环境恶劣、条件艰苦等一系列挑战。

（二）员工队伍结构变化带来的新问题

1983年，中建八局刚刚改编成立时，员工的主体是军人。随着八局的快速发展、规模不断扩大，全体上下每年都要引进上千人的应届大中专毕业生，经过多年的积累，员工结构已发生很大的变化——参加工作多年的老职工逐渐到了退休年龄，而35岁以下的青年开始成为企业的主体。目前，全局18 000余名职工中，35岁以下青年达到1万人以上。

老职工经受过部队的教育熏陶，跟随八局南征北战，对企业充满感情、大局意识强、忠诚企业。而进入企业不久的青年员工，组织性和纪律性相对较差，更注重个人发展和个人利益，有自我中心的价值观念和多元价值取向。再加上信息传播技术的迅猛发展，各种思想良莠共生、利弊共存，阅历不深、思想活跃的青年人容易迷失方向。

（三）企业高质量发展与队伍素质难以匹配的问题

随着从低端房屋建筑市场向高端房屋建筑市场转变、从粗放增长型企业向科技发展型企业的转变，八局进入高速发展期。新、老员工在意识形态领域的差异与企业高质量发展的要求难以匹配，矛盾不可避免。

项目管理

在新形势下，如何传承铁军文化，不断提升管理水平，实现八局铁军文化的薪火相传、生生不息，已经成为我们研究的新课题。

二、分析与对策

有人把企业文化等同于企业的核心竞争力，虽然这一观点仍然值得商榷，但这从某种程度上反映出二者惊人相似之处，那就是独一无二、不可复制。黑格尔说世界上没有两片完全相同的树叶，人有个性，企业有特性，植根其上的企业文化必然不可替代。要想把具有万千思想的企业员工意识形态统一到企业发展的大步调中，就必须与时俱进的传承"铁军"文化。

(一)"铁军"文化是八局的文化基因，是长期历史发展过程中形成的精神积淀

八局前身是为中国人民解放军基本建设工程兵。1983年，奉命改编为"中国建筑第八工程局"。从人民解放军序列中一支能工能战的劲旅，沿革成中国建筑南征北战的"铁军"。我们在企业发展壮大的实践中，继承人民军队的优良传统，发挥部队时期形成的以雷厉风行、吃苦耐劳、敢打硬仗为特点的"铁军"精神，积极投身到社会主义市场经济大潮中，培育了铁军文化、凝练了铁军精神。多年来，我局以铁军文化提升管理，促进企业发展，用铁军文化攻克时艰，完成重点工程任务，用铁军文化陶冶职工，打造铁军团队，取得了令人瞩目的成绩。实践证明，铁军文化是我局的文化基因，是长期历史发展过程中形成的精神积淀，是取之不尽、用之不竭的精神宝藏。

随着我国市场经济的历史巨变，八局在建立完善现代企业制度、转变发展观念、创新发展模式、提高发展质量、实现经营机制和经济增长方式的根本性转变这一新形势下出现了新情况、新问题。如何在"兵改工"28年，有着军人经历员工比例减小，铁军文化减弱的今天，继续传承和培育好八局的铁军文化，成为当下企业必须解决的问题。为此，我们以科学发展观为统领，按照"整体规划、分步实施、试点推进、逐步提高、形成特色"的工作思路，加强思想引领，注重载体创新，强化标准化建设，全局上下大力推行军事化管理。

(二)提炼队伍优良传统与有效管理元素应用到施工管理中

项目是效益的源泉、企业的窗口，为此，在准军事化管理推行中，中建八局找准结合点，开展各种活动，以项目准军事化管理为抓手，融入施工生产的各个环节。以军事化管理加强项目团队建设，培养雷厉风行、严谨细致的工作作风，提升项目团队执行力、战斗力，促进项目管理的规范化、标准化、精细化。

一是把军事化管理的理念和项目生产结合起来。加快把项目准军事化管理由形式向实质内容的转变，由表及里、由浅及深，把军事化管理的理念与项目日常管理紧密结合。从"思想素质军事化培养，行为习惯军事化养成，日常工作军事化考核"入手，切实把"统一、严格、规范"的部队作风引入到项目生产经营各环节当中，明显提升了项目管理人员的责任心与执行力，促进了项目质量、工期、成本、安全文明施工精细化管理水平的提高。

二是把项目准军事化管理和"增强责任心，提高执行力，促进精细化"大讨论活动结合起来。结合项目准军事化管理的推行，企业开展责任心大讨论活动。局党委对大讨论活动做了专题安排，编发了教育提纲。组织项目经理到黄埔军校进行为期七天的军事化封闭培训。在学习讨论、查找问题差距、制定整改措施和整改落实三个阶段活动中，各岗位员工认真查找工作责任心不强、执行力不高、工作不到位的表现，认真制订措施整改落实。通过大讨论活动的开展，员工们的责任心明显增强、执行力明显提高。

三是把项目准军事化管理和"创先争优"结合起来。在推行项目准军事化管理过程中，企业开展"创先争优"活动，开展了项目经理部团队竞赛，各区域公司每月对所属项目的施工生产、准军事化管理工作进行检查评比，奖优罚劣，大力营造了创先争优的氛围。

四是把项目准军事化管理和"创建学习型项目"活动结合起来。企业在项目准军事化管理中建立了学习制度，各项目结合实际，制订了年度、季度、月度学习计划，建立了学习日，开展好系统讲坛、项目讲坛活动，组织各岗位员工学习业务知识。全年共开办"项目讲坛"460次，培训职工7720多人次。创建学习型项目活动的开展使项目员工的政治素质、业务素质明显提高。

三、主要做法

(一)统一思想,为准军事化试点推进确定思想保障

"思想通,百事顺"。在准军事化管理试点之初,各单位加强了对局有关文件的学习宣贯,广大员工提高了对准军事化管理重要性和必要性的认识,形成了推进准军事化管理健康开展的工作合力。全体各单位在新员工入职军训期间,开展"铁军文化传承主题月"活动,通过播放宣传片、召开铁军文化座谈会,学习铁军精神、交流军训心得等形式,使"准军事化"理念扎根员工心底,为准军事化管理的实施打下坚实思想基础,促进了新员工快速适应工作环境,进入角色。

(二)健全机构,夯实准军事化试点工作的组织基础

局制定《关于开展项目准军事化试点活动的实施意见》,由各二级单位领导班子成立由公司主要领导任组长的准军事化管理领导小组,结合实际,制定活动方案,确定试点项目,并指导项目建立工作小组,负责准军事化活动的领导协调工作,保障了试点工作组织健全、领导有力。项目准军事化试点工作中,各级领导干部以身作则、身先士卒,不仅做军事训练的表率,更做执行的表率。

其中大连公司领导班子经过认真研究,成立了活动领导小组,制定《大连公司准军事化管理实施方案》,并加入了大连市预备役部队,由公司副经理担任连长,利用冬训时间,组织全体员工分三批驻部队进行集中训练,9名班子成员也成为训练中的普通一兵,共计829人参加军训,参加率达100%。土木公司领导专程赶赴汉孝项目运架队组织召开动员大会,公司政工部派专人到项目蹲点,监督、指导项目开展准军事化管理的相关情况,并为项目送去了相关资料和军歌光盘,确保准军事化管理的顺利开展。

(三)完善制度,保障准军事化试点工作顺利运行

为确保准军事化管理活动的有效开展,企业精心编制《中建八局项目准军事化管理办法》作为行为准则和标准,集中了一日生活制度、日常办公制度、工作管理制度、纪律作风以及员工日常工作计划考核等内容,极大地促进了员工日常工作的标准化、规范化,保障了准军事化管理的顺利运行。

在管理组织机构方面,以项目领导班子成员为准军事化管理组织机构成员,负责项目部准军事化管理工作。对应部队编制,项目经理相当于连长,项目书记相当于连指导员;广州金沙洲项目部成立了以项目经理、党支部书记为连长兼指导员,副经理、技术负责人为排长的项目准军事化管理工作执行小组,负责项目部的准军事化管理工作。项目部根据工程实际情况,制定了切实可行的准军事化管理推进实施方案,明确了活动目标,项目部提出了工程争创"广州市安全文明施工样板工地"、"广州市建设工程结构优良样板工地"的目标。

在生活和日常办公制度方面,对起床出操、内务卫生、就餐及办公环境、着装规定、升旗仪式等方面做统一要求。广西公司华润中心项目员工养成了军事化的日常习惯:每天7:30响起床号,10分钟整理内务,5分钟洗漱,10分钟吃早餐,8:00前准时上班。全体宿舍统一布置,床铺干净平整、被子被叠成方方正正的"豆腐块"。每周一6:30响起床号,集体出操升国旗,全体员工每天统一服装上班,对外展示八局人良好的工作、生活作风及积极向上的精神风貌。

在纪律与作风方面。要求做到:听从指挥,令行禁止;严守岗位,履行职责;同心同德,团结互助;仪容严整,举止端正;珍惜荣誉,谨言慎行;廉洁奉公,不谋私利;遵守公德,文明礼貌;激情似火,敢打必胜。青岛大荣世纪综合楼项目通过《筑魂》、《西点军校22条军规》等书籍的学习,让全连对企业由工转兵,由部队转向企业的转变有深刻的理解,强化了员工的团队意识、执行意识、奉献意识,并潜移默化地渗透到工作生活之中,形成习惯。项目现场形象、职工精神面貌和团队执行力得到明显提升。

四、成效初显

通过准军事化管理试点活动,八局铁军的使命感、责任心、服从意识和铁的纪律在各试点项目和员工中进一步彰显,准军事化管理试点工作取得了一定成效。

1.项目员工素质、作风、形象提升明显。通过实施准军事化管理,项目员工具备了一定程度的军人

特质和军容风貌，服从意识、执行意识明显提高。表现在按章操作、遵章守纪意识、安全意识明显增强，在急难险重任务中，敢打硬仗，作风顽强。四公司合芜蚌项目项目坚持出操训练、内务整理，员工精神抖擞的面貌给业主、监理留下了深刻的印象。安装公司美福石化项目经过准军事化训练，各批次参训人员，有令必行、有禁必止，执行力和服务意识大大提升，全体员工精神面貌和单位风气焕然一新。

2.项目综合管理水平提升明显。项目通过实施准军事化管理，建立健全了责任目标体系，借鉴"军事条例"完善了各项规章制度，促进了项目生产和安全文明施工等行为的规范化、制度化。每日班前会、每周例会、每月民主议事会加强了工作交流和沟通，及时总结经验和不足，研究解决新情况、新问题，推进项目综合管理上台阶、出效益。一公司黄金时代项目精心策划，坚忍不拔，执着追求，成功挽回土方回填，防水施工等多项清单报价预亏损，实现毛利率11.27%。二公司玉树灾后重建项目部，通过准军事化活动，提升项目团队管理能力和战斗能力，发扬铁军精神，克服重重困难，30天完成了指挥部基地建设，50天实现红旗小学主体封顶，安冲乡农牧民住房工程竣工67套，封顶321套，占中建玉树援建完成总工程量的2/3。

3.项目施工现场形象改善明显。通过准军事化管理，施工现场整体形象大为改观，办公室内窗明几净，物品摆放整齐划一；物料码放规范统一，各种作业机具使用规范，宿舍清洁、卫生、舒适，提升了项目的文明形象。二公司烟台市委党校项目现场文明施工一直保持高标准，克服了雨季、高温、严寒等不利条件，博得了烟台市委党校全体职工的一致认可和赞扬，业主先后两次给公司发来感谢信。安装钢结构公司将军队内务管理规范移植到日常办公、就餐、住宿管理的建设中，制定厂区环境卫生制度，明确分工，责任到人，按规定组织实施和检查，提升了公司对外形象。

4.项目学习能力提升迅速。各试点项目在准军事化管理中建立了学习制度，制订了年度、季度、月度学习计划，建立了学习日，开展了职工夜校、项目讲坛、读书等活动，不仅学习政治理论知识、业务知识和管理知识，还加强了对军队艰苦奋斗精神的学习，对军人令行禁止作风的学习，并采取多种形式进行学习交流，使项目员工的政治素质、业务素质明显提高，促进了学习型项目的建设。青岛公司大荣世纪项目部开展了以"每周有专题、项目是课堂、工地是学校、人人上讲台"为主题的学习培训活动，共进行学习培训32期。

5.社会各界赞誉不断，树立了八局良好的企业形象。局试点的40个项目分布于全国各地，准军事化管理活动启动后，受到了社会各界的关注，项目和员工在活动开展过程中，展示出的社会形象与精神面貌，成为各地媒体追逐报道的一道风景线。

大连公司加入预备役部队，开展军事管理活动的事迹先后在大连电视台、大连晚报、大连半岛晨报等多家媒体上进行了报道。广州公司组织了两次"准军事化管理总结交流会"，两个试点项目分别做了总结汇报和成果展示。吸引了东莞电视台、寮步电视台、东莞广播电台、东莞阳光网等媒体，对项目准军事化活动跟踪报道，东莞青少年网对项目准军事化管理进行了连载宣传。媒体宣传都无形中宣扬了八局的企业文化，提升了企业品牌，树立了八局良好的企业形象。

许多业主都对准军事化管理活动赞不绝口，并给予了大力支持，一公司深圳水榭春天项目起初没有实施准军事化管理，业主看了广州金沙洲项目实施准军事化管理工作后，主动要求在该项目推行准军事化管理，活动开展后，项目充分发扬八局"敢打硬仗、善打硬仗"的优良传统，克服了结构复杂、场地狭窄、工种交叉、台风暴雨等不利影响，地下室工程提前封顶。业主特意发来感谢信，对项目全体员工提出表扬和感谢，对项目准军事化的管理方式和项目员工的铁军作风给予高度评价。

结束语

作为"铁军精神"传承活动的一个组成部分，八局项目准军事化管理刚刚起步，虽然取得了初步成效，但作法还不够成熟完善，整体上还处于一种较浅的层次，还需要由浅入深、以表及里，逐步深化，使"铁军精神"真正内化于心，外化于行，成为广大员工的精神准则和行为方式。这种做法的实施，可以为建筑施工企业之类相对较特殊的行业的企业文化建设和企业管理方法提供一些借鉴作用。

现代大型工程项目管理的探索

王登武

（中建七局安装工程有限公司，郑州 450053）

随着中国建筑 2009 年成功上市的一声锣响，中国建筑这个品牌越来越被世人所熟悉；当汶川地震来了，玉树地震来了，作为援建的主力军，更主要的是履行社会责任，越来越被国家、社会所重视，不知何时，许多民营企业悄悄地把眼光也投向了中国建筑，把一大批订单交出后换取的是更加丰厚的回报，使得中国建筑越来越被他们所尊重、依赖。于是乎大批大型项目工程蜂拥而至，年年创造着历史，又改写着历史。这几年我们由原来找市场、找业主、找项目变成了挑选，大市场、大业主、大项目的理念得到了进一步升华。

业主带着一片厚望把我们迎进现场，我们带着一片重托开进现场，合作开始了，带着相互理解的心情来组织。施工时间长了，相互熟悉了，矛盾也暴露了，工期滞后了，质量有问题了，施工工艺不符合规程等等，于是业主开始抱怨，开始投诉，甚至终止合同。类似这种情况近几年发生很多，原因多方面，似乎我们自身的原因更多一些，我们主要的原因是项目管理出了问题：因为项目多了，使人才变得匮乏起来，项目大了，过去管理小项目的经验不能套用了。不了解大型项目的管理特征，而顾此失彼；项目经理责任制不能得到很好的发挥，使项目和公司形成"两张皮"，项目经理无法把握项目发展的阶段，项目团队无法建成等。下面我就从大型项目管理特征，项目

经理责任制，项目部发展的阶段等方面来探讨大型项目管理。

一、大型项目管理的特征

1.大型项目管理有自己特定的管理程序和管理步骤。每个项目都有自己特定目标，项目管理的内容和方法要针对项目的目标确定。如地产项目它要坚持"全面规划、合理布局、综合开发、配套建设"，对工期要求很紧。公路项目特点是路线长，征地拆迁难度大，它要求协调能力，它属于基础设施项目对质量要求更高。

2.大型项目管理是以项目经理为主要负责人的团队管理。项目管理有较大的责任和风险，其管理涉及到人力、技术、设备、资金、信息等多面因素和多元化关系，为更好地进行项目策划、计划、组织、指挥、协调和控制，必须实施以项目经理为主要责任人以项目主要管理人员（也称项目班子）为核心的责任制。在项目管理过程中要授予项目经理必要的权力，便于及时处理项目实施过程中发生的各种问题。

在一般项目管理中实行的是项目经理责任制，突出的是项目经理。但大型项目不同，它强调的是以项目经理为主要责任人项目班子责任制。核心是项目班子，是因为项目大，单靠一个人率领大家是难于完成目标任务的。在很多情况下，项目经理的职责变

得很大(如全面负责),也很单一(如主要是和业主方的沟通、协调),项目管理的大多数工作必须有班子的分管领导来完成。

3.大型项目管理应使用现代管理方法和技术手段。现代项目大多数是先进科学的产物或是一种涉及多学科、多领域的系统工程。要圆满地完成目标就必须综合运用现代管理方法和科学技术,如决策技术、预测技术、网络与信息技术、时间管理技术、质量管理技术、成本管理技术、系统工程、价值工程、目标管理等。现在许多工程都作为大学的科研来完成的,如上海的南浦大桥就是同济大学科研的成果在现实的体现。

4.项目管理应实行动态管理。为了保证项目管理目标的实现,在项目实施过程中要采用动态控制方法,即阶段性地检查实际值和计划目标值的差异,采取措施纠正偏差,制定新的计划目标值,使项目能实现最终目标。

二、项目经理责任制是建设过程项目管理的基本制度,也是做好大型项目管理的基本条件

项目经理责任制是以项目经理为主要责任人项目主要成员(项目班子)为责任主体,确保项目管理目标实现的责任制度。它是在大型项目中,项目管理目标实现的具体保证和基本条件,是项目经理和项目部通过履行项目管理目标责任书,层层落实目标的责任权限、利益,从而实现项目管理的责任目标。

如何建立和形成以项目经理责任制为核心的大型项目全过程管理体系?

1.要突出质量安全工作的重点

质量是企业的生命,安全是企业永恒的主题。工程项目的质量安全是项目管理的重中之重,是企业创效争优的源泉。作为项目经理首先要牢固树立"安全质量大于天,岗位责任重于山"的思想。把工程质量安全责任制作为项目经理责任制的核心内容,明确并突出项目经理的责任主体地位,即项目经理是质量第一责任人,项目经理是安全第一责任人。制定安全、质量指标体系,通过指标控制使安全、质量工作目标明晰化,指标具体化,发挥安全、质量指标的约束、激励和评价作用。

尤其是为达到安全、质量控制指标的措施费用。在许多大型项目中这种措施费用往往很高,如果质量稍微降低一点,安全投入稍微少一点,对项目就是一大笔"节约",对个人(特别是项目经理)更有一笔丰厚的回报,有的项目经理安全、质量意识差,抱着能省则省,能不投入就不投入的侥幸心理来对待质量、安全结果留下很多隐患或遗憾,最终使企业蒙受很大的损失。

2.要充分体现责权利相统一的原则

项目经理的责任,就是对工程全过程的进度质量、安全、成本控制等负责。项目经理是由企业法定代表人任命授权的,因此首先要对公司负责,项目经理还是企业法定代表人在项目上的全权委托人,因此项目经理又要对业主负责。在某种意义上讲,项目经理具有双重身份。在明确项目经理责任的同时,要按照责权利统一的原则,赋予项目经理相应的权力,使其真正做到有责、有权、有利,便于项目经理在自己的岗位上更好地履行职责。要通过建立以项目经理责任制为核心的项目管理责任体系,切实解决好有的项目经理有责无权、责权相脱节现象。

笔者多年从事项目经理岗位,在很多单位项目经理责权利难以统一的,从根源上讲,一是体制原因,公司制定的项目管理制度无法适应于项目工作的正常运转,给项目部的责任大、权力小、利益更小,造成项目经理积极性不高,经常抱怨"只有干活的份"。二是信任机制,上级主管领导对项目经理心存戒心,生怕项目经理"拥兵自重"。这样一来就违背了项目经理责任制这一原则,其结果就是项目经理忧心忡忡,项目管理混乱,工程进度滞后,质量、效益很差。

3.要增强和加大项目经理的风险责任

项目经理既是项目责任制的主体,又是项目管理风险的第一责任人。为充分调动项目经理的积极性,必须建立有效的激励和约束机制,增强他们

的风险意识。要通过公司和项目经理签订责任书的方式，明确工期、质量、安全、成本、上缴款、文明施工等方面的指标和奖罚规定，并由项目经理和主要管理人员缴纳一定比例和数目的风险抵押金。项目完工后通过公司部门考核和部门审计，按照责任书的约定切实做好兑现奖罚。在项目实施过程中，公司仍要采取定期和不定期地检查、考核和过程审计等措施，加强项目的过程控制和有效监督，确保项目运作始终处于受控状态之中，保持工程项目的良性运作。

值得一提的是，项目经理的风险责任不是无限大，有些风险如材料上涨等风险，公司也无法其左右，项目经理更无法承担。笔者认为项目经理应承担施工现场包括技术质量风险和管理风险，不承担投标风险和市场风险，这样会更好地调动项目经理的积极性。

4.必须注重加强项目文化建设

文化能够改变人的思维，而人的思维将影响决策。所以如何建立和加强项目文化建设，项目文化又如何融合项目管理全过程，是公司和项目经理不可回避的问题。公司对推行项目管理的理念和观点如何等，无不反映在丰富项目文化中。项目文化的形成必将营造出公司应用项目管理的大环境，在推进项目经理责任制，改善项目管理，优化项目资源等方面都将起到事半功倍的效果。

项目文化是显性文化。在每个项目上，有监理、有业主、有管理层、有作业层，多方行为主体各自履行项目建设职责，但其行为都必须通过项目统一的管理制度、项目文化来约束、沟通和协调。项目文化最能体现的是CI形象统一现场标识和制度的显性文化，具有统帅项目多方行为主体的作用。

项目文化是露天文化。与工业生产比起来，我们建筑业工程项目绝大多数是户外露天作业，产品固定，队伍分散，建设周期长。这就决定了工程项目施工现场管理必然成为向社会公众展示企业形象的重要窗口，体现着企业和项目经理的综合管理实力，能够放大项目管理的社会影响，因此具有十分

明显的广告效应。所以现场文明施工的好坏是体现项目管理责任制体系成功与否及项目文化的重要标志。

项目文化是管理文化。建设工程项目是组织各项管理的集成载体，其水平反映了组织的管理能力和层次。一方面项目管理的实质是一个组织的文化演变、提升和形成的过程，组织的各种制度、程序、要求最终是依靠项目的文化成为惯例的。另一方面惯例是项目文化的突出表现，项目管理只有将各种要求成为员工的惯例才能使项目管理的成效达到高端形式。因此项目文化集中展现了组织管理文化的精髓。

三、大型项目部的组织机构与组建、发展经历的阶段

大型项目表现为体量大、周期长、人员多。项目部也像自然界的事物一样要有一个形成、发展的过程，有一定的规律可寻，如果掌握得好，项目管理事半功倍。根据笔者认为一个完美的项目其发展一般要经历形成、震荡、规范、辉煌四个阶段。

1.形成阶段。这个阶段是公司个体成员向项目团体成员转化的阶段。项目成员从不同部门、区域或其他项目部抽调而来，原本不认识或不熟悉，需要相互熟悉、相互了解；大家有一种积极向上的愿望，并急于开始工作和展示自己；但由于刚开始，分工不是很明确，项目成员不了解自己的职责及其他成员的角色与职责，对项目的工作感到无从开展。主要表现在：项目成员对工作和人际关系处于一种高度焦虑状态，激动、希望、怀疑、焦急、犹豫，心理极不稳定。此时项目经理要向成员说明项目目标，并设想项目的美好前景，成功带来的利益和好处，同时明确分工和成员之间的关系。

2.震荡阶段。这期间项目成员之间由于初步合作，出现了各种各样问题，有些成员发现与自己来之前想像的有些差距；有些成员发现与自己想像的大不相同，在工作中人际关系存在着矛盾；更有甚者与其他成员、项目班子成员和项目经理产生了矛盾，不

服从项目经理的领导或命令。项目部笼罩在紧张、挫折、不满、对立、抵制的氛围中。

此时项目经理要随时应付和解决出现的各种矛盾和问题，要容忍个别成员的不满，解决各种冲突，积极化解矛盾，协调好各种关系，消除团体震荡。引导项目成员正视自己的角色，对职责分工进行合理调整。对每个成员的职责、成员之间的关系、行为规范进行明确规定和分类，使每个成员明白无误地清楚自己的职责、自己与他人的关系。及时召集项目团体成员积极参与解决问题和共同作出相关决策。

3.规范阶段。这个阶段项目成员内部关系已基本理顺，大部分成员之间的矛盾已基本解决，个人的期望得到调试，团体成员的不满情绪大大减少，项目的凝聚力开始形成，项目管理的各种规程得以改进和规范化。项目部整体表现出信任、合作、忠诚、友谊和满意。此时项目经理要对项目团体成员所取得的进步予以表彰，积极支持项目团体成员的各种建议和参与，努力地规范项目的行为和项目成员的行为，使项目成员不断进步，为实现项目的目标和完成项目团体的使命而努力。

4.辉煌阶段。这个阶段项目全体成员积极工作，努力为实现项目目标而做贡献；成员之间关系融洽，工作绩效更高，集体感和荣誉感更强；全体成员能开放、坦诚并及时地交流信息和沟通。项目部整体表现开放、坦诚、依赖、团体的集体感和荣誉感。此时项目经理要做到积极放权，以使项目成员更多地进行自我管理和自我激励。及时公告项目的进程，表彰先进的项目成员。集中精力管理好项目的预算及索赔，控制好的进度计划和项目变动，指导项目成员改进工作方法，努力提高项目的质量水平和工作绩效，为实现项目目标而努力。

随着建筑业不断地发展，大型项目在今后会变得越来越多，涉及的区域也越来越广泛。这些项目都有许多共性，都符合现代建设工程项目管理的本质要求。它的基本内容概括为"四控制，三管理，一协调"，即进度、质量、成本、安全控制，现场（要素）、信息、合同管理和组织协调。其主要特征是"动态管理，优化配置，目标控制，节点考核"。从运行机制上看是总部宏观控制，项目委托管理，专业施工保障，社会力量协调。从组织结构上看"两层分离，三层关系"，即"管理层与作业层分离"，项目层次与企业层次的关系，项目经理与企业法人的关系，项目经理部与劳务作业层的关系，越发凸显项目经理的作用和地位。推行主体是"两制建设，三个升级"，即项目经理责任制和项目成本核算制；要达到技术进步、科学管理升级，总承包管理升级，智力结构和资本运营升级；最终达到"四个一"的管理目标；即一套新方法，一支新队伍，一代新技术，一批好工程。

监理人在工程竣工结算审核中应把握的几个问题

——以北京市地铁九号线3合同段为例

武建平

(中咨工程建设监理公司, 北京 100044)

工程竣工结算是施工企业按照合同规定的内容全部完成所承包的工程,经验收质量合格,并符合合同要求之后,向发包单位所做的最终工程款结算。工程竣工结算不仅是核定工程造价的依据,也是核定新增固定资产的依据,直接涉及业主、承包商双方的经济利益。因此建设项目的各个主体,包括建设、监理、咨询、审计和资产评估等有关单位十分重视竣工结算的审核工作。《建设工程监理规范》明确规定,承包单位按施工合同规定填报竣工结算报表;专业监理工程师审核承包人报送的竣工结算报表;总监理工程师审定竣工结算报表,与发包人,承包人协商一致后,签发竣工结算文件和最终的工程款支付证书。据此,工程监理人不仅是工程竣工结算的直接审查单位,也是业主与承包商之间的沟通桥梁,职责极为重要。2012年3月,我单位顺利完成了北京市地铁九号线工程3合同段工程竣工结算审核工作。现结合本人在该项工程竣工结算审核中的实践经验,详细介绍监理人在工程竣工结算审核工作中应把握的几个问题。

一、工程项目竣工结算的基本情况

2011年12月竣工通车的北京地铁9号线南段,分9个土建施工合同标段、3个监理合同段。2007年4月1日开工,计划竣工日期2010年12月15日,实际竣工日期2011年12月。其中,北京地铁9号线工程土建施工3合同段由丰台北路站、丰台北路站至丰台东大街站区间、丰台东大街站组成,长约1.97km,合同金额约4.2亿元。中标范围包括土建工程、安装工程、装修工程、降水工程、专项工程、总负责及协调配合等工作内容。2011年达到通车条件时,两个车站尚有1个安全疏散通道、1个风道、2个出入口等附属工程需要在2012年上半年完成。2012年1月,北京市轨道交通建设管理有限公司第一项目管理中心下发结算工作通知,制定结算工作方案及结算文件编制办法,明确结算范围,要求施工及监理人成立结算组织机构,做出阶段性的结算工作部署,并对结算工作提出了具体的要求。

(一)工程项目竣工结算范围

北京地铁9号线工程土建施工3合同段合同规定的2011年12月已竣工验收的全部工作内容,包括土建工程(含土建、降水、上部结构及其装修、站前广场)、装修及二次结构、安装工程、前期及专项工作。

(二)工程项目竣工结算工作简况

本工程项目竣工结算工作分四个阶段进行:

第一阶段:施工图纸范围内工程内容的结算。这个阶段完成施工图范围内核算清单和增补清单的编制与审核,施工图纸为经监理人、建设单位的设计管理部及工程部确认的最终版实施图纸。

第二阶段：变更洽商的结算。这个阶段完成经各方确认的施工图纸目录外的变更洽商工程内容结算的编制与审核，施工单位编制变更洽商台账，并经施工单位、监理人、建设单位的设计管理部及工程部确认签字。

第三阶段：竣工图纸的复核。这个阶段完成竣工图工程量与施工图加减变更洽商工程量对比，调整结算确定金额。施工单位报送竣工图及竣工图纸工程量计算书，监理人依据竣工图、施工图、变更洽商进行工程量审核，出具审核意见。

第四阶段：索赔费用及其他费用的结算。这个阶段完成索赔费用及其他费用的结算，施工单位报送的结算资料应附完整的现场确认单、会议纪要等相关支持性文件。

(三)工程项目竣工结算编制依据

本工程项目的竣工结算由承包人编制，编制的依据按照相关规定执行，具体包括：施工发承包合同及其补充合同、甲供材料采购合同；招标文件及招标补遗文件、承诺函、投标书及其附件；工程招标图、施工图、竣工图、经批准的施工组织设计、设计变更、工程洽商及相关会议纪要；经批准的开、竣工报告或停、复工报告；本工程工程量清单或工程预算定额、费用定额及价格信息、调价规定等；国家及北京市有关部门发布的工程造价计价标准、计价办法、有关规定及相关解释；国家有关法律、法规、规章制度和相关的司法解释；影响工程造价的相关资料。

(四)工程项目竣工结算编制内容和原则

本工程项目竣工结算编制的主要内容包括：工程项目所有的分部分项工程量，实际采用的措施项目工程量，为完成所有工程量并按规定计算的人工费、材料和设备费、机械费、间接费、利润、税金；分部分项工程和措施项目以外的其他项目所需计算的各项费用。工程结算应以施工承发包合同为基础、按合同约定的工程价款调整方式对原合同价款进行调整。

本工程项目竣工结算编制的原则包括：各个专业分别按核算清单、增补清单、工程变更、工程洽商、价差调整、新增工程、扣甲供材料、其他费用列

报。建设单位合约部门对结算编制过程中的工程量计算规则、增补项目单价确定、关于合价包干项目的定价、前期自发电、甲供材料、暂列金额(暂定金额)项目(不含专项工作)、合同外新增工程、索赔费用、单独与发包人签合同的前期费用、未完工程的结算等主要问题的处理提出指导性原则。

(五)工程项目竣工结算文件的编制要求

本工程项目竣工结算必须提供完整、真实的资料。工程结算应采用书面的编制形式，并同时提供与书面形式内容一致的电子文档。结算附工程量计算底稿，注明部位、图纸名称或变更洽商编号，申报工程量与计算底稿结果相符，有清晰的计算式。结算文件后附相应的设计变更、洽商、报告、批复、采购合同、发票、计算底稿等资料。设计变更、工程洽商等资料要有发包人、监理、承包人、设计签字，手续齐全。合同范围外的工程结算应附发包人委托书、协议、报告及批复等相关资料。

二、工程项目竣工结算的审核要求

北京地铁九号线土建施工3合同段合同通用条款第37.11条约定："承包人应按监理人批准的格式编制竣工结算结账单(草案)一式三份，与工程竣工报告一并提交监理人，并附上任何必要的证明文件和相关资料"，并详细说明到工程竣工验收移交日止，承包人根据合同所完成的所有工作的价值和其认为根据合同约定其应得到的任何应付而未付款额总计。根据监理委托合同与有关法规，监理人要对竣工结算结账单(草案)进行审核，监理人的审核报告和同意支付的竣工结算结账单要报发包人审定。只有在发包人审定结算数额后监理人才可能按照合同要求程序签发竣工结算支付证书。在本工程竣工结算工作方案中，建设单位对监理人的审核提出了具体要求。

(一)工程项目竣工结算审核的总体要求

在竣工结算过程中，监理人依据合同约定、施工事实和结算编制办法核查工程结算资料的完整性、合理性和真实性，分阶段提供审核报告。在结算审定过程中，根据建设单位审定要求提供任何补充资料。监理人的审核人员实行审核报告签字负责制，

逐项全面审核,避免审核疏漏现象发生。监理人根据掌握工程事实和真实情况,对承包人多计、重列或少计、漏项的项目以及与设计图纸或事实不符的内容进行调整,出具审核报告,说明原因。审核工作要有审核工作底稿,审核底稿和审核报告均以书面和电子版形式报建设单位。

(二)工程项目竣工结算的阶段性审核要求

在工程项目竣工结算的各个阶段,监理人均有相应的审核任务和审核成果,其基本要求是:

施工图纸范围内工程内容结算阶段:监理人应要求施工单位提供完整、真实的结算资料,对工程量严格审核,确保工程量的准确,并将与中期支付审核的工程量差别大的项目分析出原因,在审核报告中列出并说明。

变更洽商的结算阶段:监理人应核实变更洽商台账的完整性,签字手续的完善性、工程量签认的真实性、合理性。重点审查设计变更、工程洽商等资料是否符合建设单位上级部门变更洽商审批程序。

竣工图纸的复核阶段:监理人应依据施工图、变更洽商及竣工图进行工程量的审核,以施工图(含变更)的工程量与竣工图工程量进行对比,以合理的工程量的计入工程结算。

索赔费用及其他费用的结算阶段:监理人应对索赔事项的相关资料真实性与合理性进行核实并在阶段审核报告中阐明审核依据。

各阶段监理人均应出具审核报告,审核后的竣工结算报表。

三、工程竣工结算审核的主要做法

根据建设单位提出的工程项目竣工结算方案的要求,我们在竣工结算审核工作中主要采取了以下做法。

(一)成立工程项目竣工结算审核组织机构

按照建设单位要求,本工程项目监理部成立了由总监理工程师领导的竣工结算组织机构,总监办合约部的计量工程师、合约工程师具体负责结算工程量和结算价的审核,驻地专业监理工程师及资料员配合结算附属资料的审核。

(二)制订工程项目竣工结算审核实施方案

根据九号线南段工程项目竣工结算时间安排,监理人相应作出结算审核实施方案,并报建设单位备案。

第一阶段,进行施工图纸工程内容的核算清单和增补清单的结算审核。本阶段首先要求施工单位编制图纸目录,提前报送建设单位及监理人的合约部门核对。施工图纸为经监理、建设单位的设计管理部及工程部确认的最终版实施图纸。随后,施工单位要按照竣工结算资料编制办法编制结算资料,报送监理人审核。

第二阶段,进行变更洽商的结算审核。本阶段施工单位申报经各方确认的施工图纸目录外的变更洽商工程内容的结算,要求施工单位提前编制变更洽商台账,并经施工单位、监理、建设单位的设计管理部及工程部确认签字。监理人主要审核本阶段结算资料是否附完整的变更洽商审批程序,包括工程变更单、工程变更审批表、工程变更设计通知单、设计变更通知单或其他设计文件、施工方案、工程量确认单及相关的会议纪要等文件。

第三阶段,进行竣工图纸的复核。本阶段要求施工单位提供确定的竣工图纸,并做到施工图加减变更洽商与竣工图相符合。监理人发挥掌握工程事实的优势,合理安排各专业监理工程师会同总监办合约部计量、合约工程师对施工图纸加变更洽商与竣工图的符合性进行校核;确保工程量核对的准确性,对比后如有调整,及时调整结算金额。

第四阶段,进行索赔费用及其他费用的结算审核。本阶段完成索赔费用及其他费用的结算,审查施工单位报送的结算资料是否附有完整的现场确认单、会议纪要等相关支持性文件,监理人对文件的真实性与合理性进行复核。并与建设单位、施工单位共同协商确定索赔及其他费用。

监理人积极与施工单位协商,制定了分阶段、分专业、分类别的结算资料报审计划,明确各单位各部门负责人员。总监办计量工程师负责核算清单、增补清单分部分项及变更洽商工程量的审核,合约工程师负责价格的审核。

结算过程中监理人加强对相关人员的督促,施工单位按计划或提前报审,保障了结算工作的整体进度。

(三)做好工程项目竣工结算审核准备工作

竣工结算审核的准备工作,是进行竣工结算审核的重要阶段。在竣工结算审核的准备阶段,监理人需要精心做好审查竣工结算资料的完备性与真实性、确定竣工结算的依据和原则、审查竣工结算程序的完备性与真实性等准备工作,为其后的竣工结算审核工作创造条件。竣工结算审核的准备阶段需要完成的工作有:

1.审查竣工结算资料

审查工程项目竣工结算资料,主要是审查竣工结算材料的完备性与真实性,审查工程结算资料手续是否完备、资料内容是否完整,对不符合要求的应退回施工单位限时补正;审查计价依据及资料与工程结算是否相关、有效;熟悉招投标文件、工程发承包合同、主要材料设备采购合同及相关文件;熟悉竣工图纸或施工图纸、施工组织设计、工程实施状况,以及设计变更、工程洽商和工程索赔情况等。

2.确定竣工结算审核的依据

竣工结算编制的依据同时也是结算审核的依据。为了能准确地审结算递交资料的完备性、审查与结算有关的各项内容,必须首先明确竣工结算审核的依据。在本工程竣工结算审核中,我们确立的竣工结算审核的依据包括:

一是相关法律和规定。主要有《中华人民共和国建筑法》、《中华人民共和国合同法》、《中华人民共和国招标投标法》、《最高人民法院关于审理建设工程施工合同纠纷案件适用法律问题的解释》、建设部107号令《建筑工程施工发包与承包计价管理办法》、财政部、建设部印发的《建设工程价款结算暂行办法》(财建[2004]369号)、中国建设工程造价管理协会(2002)第015号《工程造价咨询单位执业行为准则》、《造价工程师执业道德行为准则》、《建设项目工程结算编审规程》、《建设工程工程量清单计价规范》(GB 50500-2008)及北京市相关规定;

二是相关合同与文件。主要有工程结算审查委托合同(明示的或暗示的)和完整、有效的工程结算文件;施工发承包合同及其补充合同(含已标价的

工程工程量清单及其修正);工程招标图纸、施工图纸、竣工图纸、施工图会审记录及经批准的施工组织设计;设计变更、工程洽商及相关会议纪要;双方确认的工程量;双方确认追加的工程价款;双方确认的索赔、现场签证事项及价款;投标文件、投标函及其附件、投标承诺函、澄清后的承诺函件;招标文件及招标补遗文件;经批准的开、竣工报告或停、复工报告及工期延期联系单;主要材料耗用明细表及调价材料计算明细表;建设单位供料明细表及采购合同;2001年北京市建设工程预算定额(第十一册地铁工程);2001年北京市建设工程预算定额;2008年《城市轨道交通工程预算定额》;1999年《全国统一市政工程预算定额》及其他定额;企业补充定额;施工期北京造价信息价格、施工期材料市场价格;影响工程造价的相关资料等。

3.确定竣工结算审核的原则

执业工程师在审核中应坚持客观公正、公平、公开的原则,依法维护建设和施工单位的合法权益,以促进提高投资效益和社会效益。地铁9号线南段工程是政府投资项目,实行工程量清单招标,固定单价合同。针对工程合同计价模式,工程竣工结算审核要依据招标文件、投标文件、施工合同,符合现行的强制性计价规范,按实际发生进行工程量计量,并按合同规定的计算规则计算。本工程项目竣工结算确定的审核原则如下:

一是增补项目单价确定原则。主要是:同类项目应执行已标价工程量清单中原有项目的单价或合价;类似项目应按政府主管部门的相关规定,根据项目特征,对工程量清单中原有项目的价格变化部分进行抽换或个别调整,但该项目套用的管理费、利润的费率不得调整。当合同清单中没有,需要重新组价的项目时,定额选用顺序为:2001年北京市建设工程预算定额(第十一册地铁工程)、2001年北京市建设工程预算定额、2008年《城市轨道交通工程预算定额》;1999年《全国统一市政工程预算定额》及其他定额;以上定额不能满足时可补充定额。材料价格的选用顺序:投标报价价格,发包人批复的材料定价,施工期北京造价信息价格;施工期的市场价格。取费标准按投标报价相应费率标准执行。

二是合价包干项目的定价原则。主要是：没有变化的项目，执行原投标报价。需重新组价的项目按下述原则执行：①空洞普查引起的注浆。首先审查相关资料手续，包括勘测单位的空洞普查勘测报告（结果、数据）、处理方案（洽商单、工程量确认单）；其次计算空洞处理费用（注浆费用、结构费用、其他费用），根据处理方案（洽商单、工程量确认单）计算。②土体加固（所有部位）和超前支护注浆项目。如果地质勘察报告表明现场整体地质实际条件与招标时的条件发生重大变化，或者工程规模发生重大变化，将给予调整；其单价按原合同报价中相应单价执行，合同报价中没有的可重新组价。另承包人需提供经现场监理签认的注浆检查记录表，以备查。③新增加的注浆量，如地质情况与原投标时相同，当结构形式或断面相同时，按原投标报价折合单米造价增加费用；当结构形式或断面不同时，按原投标报价折合起拱线以上结构外围面积造价增加费用。如地质情况不同，需有设计单位的设计人和造价工程师、现场监理、发包人代表签认工程量，经发包人审批后可增加费用；其单价按原合同报价中相应单价执行，合同报价中没有的可重新组价。该项目措施费的调整，主要审查承包人是否根据合同约定和造价处相关文件编制。

三是甲供材料的处理原则。主要是：价差调整，数量按施工图计算的材料数量调整；按采购价与招标暂定价计算价差，并计取税金。扣除甲供材料：数量按施工图计算的材料数量与建设单位供应量比较后，取大值扣除，单价按采购价扣除，装修材料扣除税金，其他材料不扣税金。

四是暂列金额（暂定金额）项目（不含专项工作）的确认原则。主要审查承包人是否按发包人已确认的标准编制。变化部分可按增补清单的原则进行编制，单价按照发包人已确认的费用标准。

五是其他事项的处理原则。新增工程指在原合同外的并签订补充协议的工程，主要审查其费用是否按照补充协议约定执行；索赔费用是否按发生原因分别列项，并按合同约定提供相关资料；单独与发包人签合同的前期费用不列入土建工程结算文件中，主要审查该费用是否与施工单位合同内专项工作重复，如重复需扣除合同内相应的专项费用；未完工程不在此次结算范围中，主要审查其合同价款是否已经在本期结算中扣除。

（四）督促施工单位提交竣工结算相关资料

工程项目竣工结算文件，除竣工图纸外的结算文件及资料独立成册，由施工单位根据审核计划安排按时申报并提交，监理人对资料完整性和真实性进行审查。

（五）突出工程项目竣工结算审核重点

在竣工结算审核的实际工作中，监理人主要从施工合同实施、合同清单工程量复核、合同清单综合单价和增补清单价组价、设计变更及洽商签证工程量及组价、专项工程内容变化、新增工程内容工程量及组价、暂列金额工程量及组价、甲供材料、工程进度与合同工期、人工、机械、材料调差等影响造价等主要方面入手，对实施结算的工程项目进行全面审查。

监理人在工程实施阶段就已进行了合同的管理，结算审核阶段主要审核整个施工过程是否按照合同的约定进行，竣工内容是否符合合同条件要求，工程是否竣工验收合格，只有按照合同要求完成的工程，并且验收合格的，才能列入竣工结算。重点审核结算是否按照合同约定的结算方法、变更及其引起价格变化的处理方法、有关费用的调整方法进行。若发现合同有不明确的地方，及时会同业主与承包人，请他们认真研究，确定结算要求。

在工程进度款计量支付阶段，监理人已经按照建设单位的《计量支付管理办法》对照施工图纸详细核对清单工程量，报建设单位合约部门负责人审核、确认，形成分部分项工程量清单报审表。因此竣工结算阶段监理人审核除复核并汇总已审批或报审的工程量外，主要核对过程中未申报、漏报的施工图纸工程量，首先由施工单位汇总经各方确认的未核对的施工图纸目录，再按审核计划组织施工单位核对工程量。

增补清单价组价按照合同规定和结算编制原则，审查计价依据是否与建设期的工程进度相一致，是否需要重新组价，新组价的主要子目与施工事实是否一致，选用费率是否与合同约定一致。

核查变更签证记录的真实性、有效性、合规性。变更签证、设计变更应由原设计单位出具设计变更通知单和修改图纸,有关设计、核审人签字并加盖公章,并且须经业主和监理工程师的审查同意、签认;重大设计变更应经原审批部门审批,这样才能列入结算中。施工过程中增加的项目,应及时签订补充合同,明确施工内容、工程造价、质量要求、结算方法等。有合同并验收合格的项目,方能计入结算。

由于九号线工程工期后延,且实际工期缩短,合同执行的时间跨度大,材料及人工的调价幅度与实际工期密切相关,要审核人工、材料、机械和设备的购买、租赁价格的确定是否符合市场实际,手续是否完备、合法;通过市场调查研究结合建设工程材料信息,审查材料及设备结算价是否合理,特别注意增补清单组价采用的材料价格是否按先后顺序选定。

九号线复杂的地质条件导致设计变更及签证在所难免,加固注浆等分部分项工程费用调整在进度款计量支付阶段已经报批,工程结算特别注意审核该部分结算资料手续的合法性、完整性,审核是否按照结算原则调整费用。

对签证及暂列金额项目工程量、组价进行全面审核,详细核查分项工程的定额套用是否准确,对定额缺项子目编制是否报批,计价方式及取费是否正确,对工程工期、质量如有特定要求的项目是否按合同约定计算。

检查工程实际施工是否与施工图设计、投标时的施工组织设计一致,审核结算是否需要调整技术性措施费用。

(六)采取科学的工程竣工结算审核方法

为保证结算审核的准确性,监理人运用全面审核法审核,在必要时运用其他的审核方法科学安排审核工作。如项目审核负责人在整理工作底稿起草审核报告阶段,对审核过程进行二级复核,采取重点审核法,选择工程量大、单价高、对造价有较大影响的项目的工程量及补充单价、记取的各项费用、材料价格调整等进行重点复核。项目总监作为竣工结算审核的法定代表,适时采取对比、重点抽查、询问等方法对结算审核成果进行核查,批准审核报告。

(七)出具审核报告,列明审查结果调整因素

按照建设单位要求,监理人在上报施工单位调整后的竣工结算文件的同时出具审核报告,报告从项目概况、结算审核范围、原则、依据、程序、方法、结果、调整因素及主要问题等九个方面详述监理人对工程项目审核管理工作。

监理人根据审核情况对施工单位的竣工结算进行调整;对不能与施工单位达成一致的项目报请建设单位合约部,争取共同协调处理;对经协调仍不能达成一致的项目,先搁置争议项目,汇总监理人认为合理的项目结算金额报给建设单位审定。本工程竣工结算审核主要调整内容包括:合同内清单工程量进行了详细的审核并调整;合同内已有的清单项目,核实后删减未实际施工项目费用;暂估价范围与内容通过实际发生情况界定,剔除与分部分项工程量清单重复因素;对实际施工内容与招标图纸不一致的清单项目进行调整;对新组价项目定额套用审核调整;对不符合要求各项取费如管理费、总承包管理费、规费、措施费等调整。

四、几点启示

地铁九号线工程项目建设单位首次对监理人审核竣工结算提出详细的要求,划分监理审核任务,明确审核责任和要求,并以审核结果与建设单位最终审定结果的差额来对监理工作进行考核。一方面监理人竣工结算审核来完整地履行了委托监理合同,同时通过对结算资料详细审核使结算金额更接近工程实际造价,有助于建设单位实现投资控制目标;另一方面监理人通过本项目的竣工结算审核,积累了经验,锻炼了队伍,为监理工作由侧重施工质量、进度控制向质量、进度、投资全面控制的转变提供了借鉴。从某种意义上说,监理工程师在施工监理的过程中类似于业主的代理人,是为业主具体管理项目的"项目经理",监理工程师的审核结果要代表业主经受住建设项目主管部门的内部跟踪审计。因此,监理人的竣工结算审核,为国家建设资金的合理使用建立了一道监督屏障。

国际 BOT 项目风险管理案例分析

——以柬埔寨甘再水电站 BOT 项目为例

王妍

(对外经济贸易大学国际经贸学院, 北京 100029)

BOT 作为一种流行的国际工程建设模式, 已经得到了国际社会的广泛关注, 并成为了一些中国企业开拓海外市场的重要方式。但由于 BOT 项目是典型的风险型投资项目, 与一般项目有一定的区别, 面临的风险类型和风险表现形式也更为复杂, 所以对该项目的风险管理就显得至关重要。本文将以中水电集团投资的柬埔寨甘再水电站项目为例, 介绍BOT项目的特点, 对 BOT 项目的主要风险进行简要分析, 并提出相应的风险管理建议。

一、BOT项目的概念和特点

BOT 即 Build 建——Operate 运营——Transfer 移交, 是指政府通过契约授予私营企业以一定期限的特许专营权, 许可其融资建设和经营特定的公共基础设施, 并准许其通过向用户收取费用或出售产品以清偿贷款, 回收投资并赚取利润; 特许权期限届满时, 该设施无偿移交给政府。

BOT 项目一般具有以下特点: 首先政府授予特许经营权, 所有权和经营权分离, 同时投资金额较大、技术难度大、工程复杂、周期长, 其中投资回收

期较长, 项目风险期也较长, 涉及面广泛, 项目涉及了政府、项目公司、银行金融机构、保险公司、工程建设承包商、经营管理公司、设备材料供应商等诸多利益主体, 其间关系复杂, 为了保证投资者的利益和项目顺利运行, 通常需要一个严谨复杂的担保体系。

二、项目概述

甘再水电站项目是中国水电集团国际工程公司第一个以 BOT 方式进行投资开发的境外水电投资项目, 也是中国目前最大的一个 BOT 境外水电投资项目, 及柬埔寨目前最大的引进外资项目。

甘再水电站位于柬埔寨贡布 (Kampot) 省会城市上游约 15km 的甘再河干流上, 距金边 150km。该项目包括 PH1 电站、PH2 电站和坝后 PH3 电站的建设等。电站具有发电、灌溉、供水、旅游等多项功能。枢纽工程由碾压混凝土大坝、反调节堰、引水隧洞及三个发电厂房等水工建筑物组成。碾压混凝土大坝高 114m, 电站总库容 6.813 亿立方米, 电站总装机容量为 19.32 万千瓦, 年平均发电量为 4.98 亿

千瓦时。

该项目投资总额达2.805亿美元,项目融资期一年,特许运行期为44年,其中施工期4年,商业运行期40年。2006年2月,中国水利水电建设集团国际工程公司与柬埔寨工矿能源部和柬埔寨电力公司正式签署承建柬埔寨甘再水电站项目实施和购电协议,同年4月8日,国务院总理温家宝在金边和柬埔寨首相洪森出席柬埔寨甘再水电站象征性开工仪式,亲自为项目启动揭幕。项目于2007年9月18日内部施工开始。2008年1月项目融资完成,同年3月20日正式起算建设工期。

三、BOT项目的风险管理

鉴于以上提到的BOT项目的特点,加之海外环境的不确定性,BOT项目风险更加具有复杂性、阶段性和可变性,所以风险管理更为重要。全面周到的风险管理能有效避免各方在项目实施过程中各种风险带来的损失,保证项目的成功建设和顺利进行。本文将主要结合柬埔寨甘再水电站BOT项目的具体情况,对该项目面临的风险类型进行分析,并给出相应管理方法的建议。

(一)风险类型

从综合风险的角度,甘再水电站BOT项目面临的风险主要有非商业的政治风险、不可抗力风险、环境移民风险,及经济类的市场风险、融资风险、成本风险,还有建设阶段的技术风险,经营阶段的经营管理风险,以及法律合同风险等等,这里主要选取以下几点主要风险进行简要分析。

1.政治风险

政治风险指与该国家主权行为有关或者国家政策法规变化有关的风险,包括主权风险造成的违约行为,及战争、恐怖活动等政治事件,是海外项目中最不可预期的风险。

相对来说,柬埔寨的政治环境较好,政府颁布实施了私有化电力法,鼓励和推动独立发电商以私有化方式开发柬埔寨水电资源,不实行损害投资者财产的国有化政策、不实行外汇管制、土地无偿租

用等,对项目的支持力度较大,为BOT项目提供了一定的保障。但柬埔寨基础设施条件较差,相关成本较高,工会组织的罢工、示威活动频繁,市场经营秩序混乱,法律对外资的保护不力,无经济法庭,导致吸引投资的软环境较为恶劣。

而且柬埔寨经济主要依靠外援和外资,二者发生冲突时则常会"重援而轻资",造成在许多投资政策的制定和执行过程中受到国际援助机构的干预,可能会造成在相关领域的经营活动的停滞。此外,国际对柬埔寨政府的信用评级较低,政府存在违约的可能性。因此,该项目存在较大的政治风险,需要投资人引起足够的重视。

2.环境移民风险

该风险是指项目建设过程中需要进行的环境影响和移民情况带来的风险。在柬埔寨,土地属于国家所有,在该项目的BOT协议中规定在特许经营期内电站的所有土地无偿使用,特许期满后归还政府,所以甘再水电站建设造成的环境影响较小,不需要太大的费用投入,对本项目来说环境移民风险不大。而就一般BOT项目来说,在中国以及一些土地私有化国家,征地移民是项目可行性的重要因素之一,而且需要较大的费用,经常导致一些项目无法立项和实施,所以也需要投资者做全面细致的调查来确定环境影响所需的费用和代价。

3.市场风险

市场风险主要来自项目产品的需求和供应两方面。由于海外BOT项目投资大、回收期长,而且项目运行后,由于市场竞争、新技术等影响,可能出现实际收入低于预期,难以按时还贷的风险等。

对于该项目,根据柬埔寨电力发展战略,预测2004~2020年全国用电年平均增长速度为19%,可见柬埔寨未来电力市场具有较大的市场空间,需求潜力巨大。其次,目前柬埔寨电价比较昂贵,而甘再水电站提供的电价会比柬埔寨电力公司(EDC)供电的电价更为低廉,具有较大的市场竞争优势。总体来说,该项目的市场风险相对不大。

4.融资风险

融资风险主要包括所在国的汇率制度、外汇管理制度、利率管理制度以及信贷管理制度的变动对项目造成的风险。由于甘再水电站项目采用的卖方信贷合同,项目的融资也采用中国进出口银行贷款,所以融资受汇率和利率情况变动的影响较大,而且由于受国际低迷的金融环境的影响,美元贷款利率均在上涨,加之BOT项目具有建设期和运行期较长的特点,融资成本和运行成本都会增加。因此,该项目面临较大的融资风险。

5.法律风险

法律风险是指项目所在国在外汇管理、法律制度、税收制度、劳资关系等与项目有关的问题上的立法是否健全,管理是否完善等方面给项目带来的风险。BOT项目是在国家现行法律环境下进行的,在很大程度上依赖于政府给予的特许经营权权限、特定的税收政策和外汇政策等,项目在项目建设和特许经营期内,法律法规的变更例如法定劳动时间和假期的调整、税收政策的调整将可能导致建设运营的成本大大提高。因此,投资人应对法律风险可能给项目带来的影响予以充分重视。

甘再水电站BOT项目参与人包括柬埔寨政府、中国水电集团、中国进出口银行、中国出口信用保险公司、承包商、材料供应商等,法律合同关系复杂。但根据本项目协议,财政部保证在BOT项目执行有效期内,如果法律法规或政策发生变化对投资人造成损失时,由政府给予投资人经济补偿。所以对于投资方来说该BOT合同是一份相对有利的特许合同,面临的法律合同风险较小。

(二)风险管理建议

项目公司必须在整个项目特许经营期间,承担项目的所有风险,这是BOT项目的特殊性。因此,针对以上风险,需要进行严格的风险评估,制定一个长期的风险管理方案,必要时设计一套完整的保险方案,进行合理稳妥的风险管理和控制。

1.对于政府风险和社会自然风险

对于政府风险、不可抗力风险、环境移民风险等非商业风险,主要采取的风险管理措施包括以下几种:

(1)投保。指向能提供非商业保险的有关机构投保,一般成本较高但普遍适用,是最主要的非商业风险的管理方式。在中国承建的项目中,一般采用中国信保通过海外投资债权保险产品,为汇兑限制、征收和政府违约风险等提供保障。在本项目中就采取了这一种投保的方式。2007年12月中国水电建设集团国际工程有限公司同中国出口信用保险公司就中国水电集团投资建设的柬埔寨甘再水电站BOT项目海外投资保险事宜达成一致并签订保单。承保风险为征收、汇兑限制、违约等。

(2)政府担保。在BOT项目中,投资方可要求政府进行两类担保:一类是对投资回报率的商业性担保,另一类是政府应项目发起人的要求而做出的有关税收优惠、外汇风险、原材料供应和土地征用等方面的政策性承诺,比如保证不实行强制性征收,若一定要征收,则给予适当合理的补偿。在本项目协议中,财政部保证在BOT项目执行有效期内,如果法律法规或政策发生变化对投资人造成损失时,由政府给予投资人经济补偿,也属于政府担保的一种。

(3)股权安排。项目公司的股权由若干国家的投资者共同拥有,可以要求项目所在国或其友好国家中对项目所在国政府有强大影响力的私营或国营公司,或者国际多边机构如世界银行等加入项目公司,由其掌握部分股权,分担风险。

2.对于市场风险

对于BOT水电项目来讲,前期的市场调查至关重要,具体包括项目所在国的电力需求、经济增长关系等,确定与之相适应的装机容量和发电量。在签订售电合同时,要与政府电力部门明确每度电的价格和每年的用电量,确保所发电力全部售出。同时要有项目所在国财政部门对开发商进行担保。根据该项目中的《售电协议》,财政部对投资人有一定的担保,在一定程度上避免了市场风险。

3.对于融资风险

面对汇率和利率变动的风险,有以下几种控制方法:首先,可以对项目进行投保,在中国主要还是通过中国信保出具保单;同时,开发商可以寻求政府的利率保证,比如要求我国政府及柬埔寨政府提供利率担保;运用互换、远期等衍生工具规避汇率和利率变动的风险;签订外汇风险均担的协议等等。

中水电甘再项目公司主要采取的是投保的风险规避方式。经历一年多的融资期后,中国水电于2007年8月31日与中国进出口银行签署了关于柬埔寨甘再水电站项目的《借款合同》,2007年12月24日中国出口信用保险公司为甘再项目出具了海外投资保险的保单,2008年1月30日,甘再项目公司与中国进出口银行签署了《合同权益质押及担保协议》、《账户质押协议》、《保险单质押协议》、《土地及建筑物抵押协议》、《机器设备抵押协议》、《发起人质押协议》及《发起人支持协议》。

4.对于法律风险

在签订协议时,争取把"法律法规或政策变化"的风险写入协议,一旦出现此类风险,所产生的损失由项目所在国政府承担,并在合同中约定补偿方式。而为了防止终止合同风险,首先尽量自己不要违约,并在协议中约定自便终止合同的相关条款。最后,要选择正确的国际商务仲裁机构。一旦双方发生不能协商解决的争议,可提交国际仲裁机构进行裁决。

同时可以看出,在甘再水电站BOT项目的风险控制中,保险方案的制定处于很重要的位置,因此在制定保险方案时,也要对保险公司的选择、保险成本的评估、特殊风险的风险管理要点、建设期至运营期的风险移交处理等问题进行关注,对整个合同执行期间内适时进行检查,不断完善风险控制方案,由保险专家来确定保险公司和再保险公司的保险价格和条件以及处理风险事故能力,尽最大可能进行合理、稳妥、高效的风险管理和控制。®

参考文献

[1]冯宁.国际公路工程BOT项目政治风险评估与防范[J].北方交通,2010(5):126-128.

[2]雷胜强.国际工程风险管理与保险[M].北京:中国建筑工业出版,2002.

[3]卢亮.政府保证对BOT项目风险的影响分析[J].现代商业,2009(11):185-186.

[4]尚燕琼.国际工程项目的风险管理[J].中国煤炭,2011(3):33-35.

[5]沈德才.海外水电BOT投资项目风险管理与保险实务——柬埔寨水电站BOT项目风险管理案例解析[J].国际经济合作,2011(1):64-47.

[6]沈全锋,刘海军.国际建设项目的风险评估与案例分析[D].中国石油工程建设协会交流论文,2007.

[7]王守清.国际工程项目风险管理案例分析[J].施工企业管理,2008(2):20-22.

[8]奚鹏,舒江,王菲.甘再水电站BOT项目管理及运作模式解析[J].水利水电施工,2010(3):88-90.

[9]张冬梅,陆永江.中国企业"走出去"成功范例:柬埔寨甘再水电站项目[EB/PL].新浪财经,2009-06-01.

[10]仲鸣.KDM水电站BOT项目案例分析[D].对外经贸大学硕士学位论文,2004.

论中国企业海外投资政治风险的规避

——以中电投密松水电站遭搁置为例

谭璇珩

（对外经济贸易大学国际经济贸易学院，北京 100029）

2011 年 9 月 30 日，缅甸联邦议会宣布，本届政府将搁置由中缅两国合建的密松水电站，一时间舆论哗然，中国海外投资引发的争议再次成为世界焦点。近几年，在"走出去"的政策导向下，中国企业对外直接投资迅速增加，非金融投资额在 2010 年达到 590 亿美元，大部分流向发展中的亚非国家。但同时，相关的负面消息也在不断爆出，仅在利比亚，中国受动乱影响的合同金额就达 188 亿美元。本文以中国电力投资集团公司承建的缅甸密松水电站项目为例分析我国企业在海外承包工程时遇到的问题，并提出相关应对措施。

一、中电投密松水电站项目

中国电力投资集团公司（下文简称"中电投"）是中国五大发电集团之一，在 2009 年与缅甸政府签署框架协议，开发缅甸最大的河流——伊洛瓦底江。按照规划，伊洛瓦底江水电项目采用 BOT 方式（建设–经营–移交的合作投资模式），设计寿命在 100 年以上，由中电投运营 50 年后无偿交付给缅甸政府。项目规划装机 2 000 万 kW，建设工期 15 年，堪称"海外三峡"，是中国目前最大的海外水电投资项目。密松电站是计划开发的七级水电站中最大一级电站，于 2009 年开建，现已完成坝区移民，场内工程初具规模，工程主体也已开始施工。2011 年 2 月，缅甸总理视察该项目时还明确要求加快建设进度，但在 9 月底，缅甸著名周刊《Eleven Weekly》连续大幅报道水坝问题，一个关于伊洛瓦底江开发问题的学者论坛也在此前后举行。随后，缅甸政府宣布任期内搁置

密松水电站建设，因其可能会"破坏密松的自然景观，破坏当地人民的生计，破坏民间资本栽培的橡胶种植园和庄稼，气候变化造成的大坝坍塌也会损害电站附近和下游的居民的生计"。

密松水电站总值 36 亿美元，开工以来已投入 20 亿美元。如项目搁置，中电投不只损失直接投资和财务费用，还将面临有关合同方巨额的违约索赔，电源电站严重窝电，分摊到其他梯级电站的基础投入巨增等问题，开发完成伊江项目建设的目标也将无法按期实现。并且，中缅政府签署了人民币贷款协议，缅甸政府已将其持有的密松水电站股权质押，并将其预期收益作为还贷的主要收入来源。如果密松电站建设搁置，将严重影响贷款协议的执行。综上考虑，这个本可以实现双赢的项目，其中的政治风险在多因素共同影响下被引爆，给中方带来了巨额损失。

二、中国海外投资受损非个例

纵观中国企业海外投资之路，不论是民营企业还是国有企业，都不平坦。在柬埔寨，我国某民企于 1995 年与当地政府签订了计划投资 3 000 万美元、对当地森林开采 30 年的协议。到了 2001 年，当地政府以环境问题为由收回了森林采伐权，2005 年将采伐权置换为森林保护权和种植权。该民企最后不得不撤出，损失前期投资 1 500 万美元。在贝宁做纺织品生意的民企则是为政策性风险所拖累，不断上调的关税和愈加严苛的限售逼着中资企业退出市场。但在投资受挫中，主角更多的是大型国企。他们多投资大型基础工程建设，资金规模和决策制度使他们

无法像民企一样，灵活的调整投资策略来规避政治风险。中国铝业于2007年3月和昆士兰政府签署开发协议，承诺在当地开采铝土矿资源，并建设一家氧化铝厂。但拖延了近四年之后，当地政府否决了这一投资，使中铝损失了3.4亿元。进入21世纪后，中东北非依旧动乱，伊拉克战争、伊朗核危机、突尼斯革命，都加重了当地政治局势的不稳定因素，这也很大程度的影响到了中国企业在当地的投资。最典型的是上文提到的利比亚动乱，给中国带来了超过200亿美元的直接经济损失。

由以上案例可知，中国企业之所以在海外投资频频折戟，很大一部分原因是暗流涌动的政治风险。下文将进行具体分析。

三、中国海外投资政治风险分类及原因

根据美国沃顿商学院教授Stephen Kobrin的定义，政治风险是政治事件及其过程引起的潜在而重大的偶然性经营危机，既包括政治事件的直接冲击，也包括政治事件引发的环境变化造成的间接冲击。它的表现形式多种多样，结合我国企业海外投资案例，主要有以下三种：

(一)总体政局风险

由于东道国发生革命、军事政变、内乱和战争等突发事件可能给跨国企业造成的损失，多发于东南亚、拉美、非洲等经济欠发达地区和东欧部分实行转轨的国家，严重影响了当地中国企业的经营发展。如今年的利比亚动荡，不仅让中国在利比亚的长期投资打了水漂，还迫使中国耗巨资撤出了在利3万多中国公民。2007年4月24日，中资石油公司驻埃塞俄比亚工地遭袭，9名中国工人遇难。2004年6月10日，阿富汗恐怖分子袭击中国援建的建筑工地，造成11名中国工人死亡，4人受伤。近年来，中资企业带着资金与劳工进驻很多经济落后地区，获取了较高的投资利润，也带动了当地发展。但中国这种一条龙投资模式也引来了很大的争议，其直接后果就是当地人的不认同，认为中国公司抢占他们的市场份额，中国人抢走了他们的就业机会，中国占有了他们的

资源和经济收益，因而对中国抱有很强的敌意。一旦经济不景气，民族主义抬头，则可能针对中国企业采取极端行为，影响项目，威胁人员安全。

(二)经营风险

东道国经贸政策变动或采取涉外经贸管制给跨国企业可能造成的损失，通常包括当地含量法律、税收管制、进口限制、价格管制和劳动力限制。非洲许多国家在需要外资发展时制定了很多的优惠政策，但又不甘心让外国人赚走大部分利润，而在引进外资后改变政策，招商——限制——再招商，如此反复。中国企业在非洲就遇到了严重的经营风险，很多进出口贸易公司不得不退出市场。另外，非洲工会发达，中国企业在进驻之前并未了解清楚当地的劳工法案，从而产生了不少劳资纠纷。2010年10月，赞比亚发生"中国籍监工开枪射击当地工人"事件，激化了劳资双方矛盾，让中国企业大吃苦头。

(三)第三国干预风险

第三国针对东道国发动战争、封锁、禁运而导致跨国企业的利益受到威胁，主要由以美国为首的帝国主义国家引起，多发生在石油、天然气等能源投资合作领域。一方面，美国拉拢中国，和其一起制裁所谓"邪恶轴心国"，如：2004年初，伊朗政府进行油田开发招标，美国驻华使馆竟然直接要求中石化退出竞标。另一方面，美国希望保持经济、政治、文化霸主地位，大肆散布"中国威胁论"等不利于中国国际形象的言论，抬高中国企业面对的市场准入门槛，以限制中国发展。

密松水电站的搁置原因也可从上述三个政治风险层面进行分析。总体政局层面：密松水电站是中国与缅甸前军政府签订的项目，而缅甸民众并未得到太多好处，在他们看来这是前军政府出卖本国资源、环境给中国公司。为显示与前政府的不同，现任政府宣布将其搁置，以赢取某些影响力较大的非政府组织的支持，保持新政权的稳定。经营层面：中国已是缅甸第一大投资国，缅甸政府声明会进一步支持中国投资，但同时又试图减少对中国的依赖，这种矛盾的态度直接反应在它对密松水电站政策的反复上。

第三国干预层面：美国一直在暗地里运作，控制媒体误导缅甸民众，使其怀疑密松水电站的环保性和安全性，并利用对缅甸的制裁向政府施压，迫使政府搁置此项目。综上，密松水电站建设搁置是缅甸国内以及国际各方面政治力量博弈的结果，也说明了中国在缅投资的巨大政治风险。

四、规避政治风险的应对措施

对中国海外投资来说，政治风险就像一个威力巨大的不定时炸弹一样，不可不防。要想降低甚至规避政治风险，可以从以下四点着手：

（一）政府应完善双边、多边投资保护机制

所谓双边机制，就是投资国和东道国两国政府之间签订相关投资保证协定，海外投资的行为应在已签署双边协定的国家中运行，当风险发生时，才能要求东道国对损失进行补偿。中国在利比亚巨亏的原因，很大一部分是因为中国与利比亚并未签订双边投资保护协议，向其索赔的诉求只有基于传统的外交保护原则，非常艰难。

（二）企业需切实做好项目风险识别与评估

我国虽初步建立了市场经济的体制和规则，但我国企业尤其是国企仍带有计划经济的特色，"拍脑袋决策"依然存在，TCL海外并购的失败是个很好的证据。不重视项目可行性分析，不熟悉国外市场，不了解东道国文化，这三点使得企业进行投资决策时看不清其中的风险。所以在投资前，一定要全方位熟悉东道国的市场特点和文化特点，做好项目可行性分析，以增加对风险的认识。

（三）企业应为项目选择覆盖面尽可能宽的保险品种

企业权衡完收益和风险，做出投资决策后，应积极参保，以防风险可能带来的损失。中国出口信用保险公司是中国惟一一家承办政策性出口信用保险业务的金融机构，但其承保金额过低，对密松水电站这种大型建设项目来说无异于杯水车薪。建议中国企业积极参与世界银行集团成员多边投资担保机构（MIGA），它直接承保各种政治风险，为海外投资家提供经济上的保障。

（四）企业需加强在工程所在地的宣传与公关

中国企业进行海外投资时，习惯直接联系在任政府，不注重和其他党派的关系。这就导致了政府换届后，对中国投资方的政策缺乏延续性，引起政治风险。若中电投能联系好朝野各派，在当地做到有效地宣传该项目带给缅甸的利益，不让民众误会大部分利益被中方拿走，产生抵触情绪，水电站也不会因民众不满而被搁置了。

受制度、经验、投资习惯所限，中国海外投资先天不足，所能参与的项目一般都有较大的政治风险。若想在国际市场上将高风险切实转化为高收益，则需要后天的谨慎去弥补。政府应完善双边机制，帮助优化投资环境，企业自身也该充分估计风险，积极投保，加强公关。这不但有利于提高对外投资的成功率，推动企业自身决策、治理结构的完善，也能为中国企业在东道国建立正面形象，在国际市场赢得良好声誉，为以后打入更安全、更广阔的市场奠定坚实的基础。⑥

参考文献

[1]梁蓓,杜齐华.国际投资[M].北京:对外经济贸易大学出版社.

[2]许文凯.国际工程承包[M].北京:对外经济贸易大学出版社.

[3]史建军.我国企业海外投资的政治风险及规避[J].产业与科技论坛,2008,7(5).

[4]海外"三峡"搁置中资折戟缅甸？——南方周末记者亲历密松水电站追溯大坝停建曲折[N/OL].南方周末.http://www.infzm.com/content/63851.

[5]中国投资非洲 谁是受益者[N/OL].华盛顿邮报.http://www.china.com.cn/international/txt/2011-03/30/content_22252430.htm.

[6]利比亚危机与中国海外投资安全保障[N].中国社会科学报,2011-08-02.

[7]当海外投资遭遇政治风险[EB/OL].网易财经.http://money.163.com/special/focus262/.

加强大型海外工程项目管理必要性分析

——以中海投波兰A2高速公路项目巨亏为例

孔旭昶

（对外经济贸易大学国际经贸学院，北京 100029）

2009 年中国中铁旗下全资子公司——中国海外总公司(以下简称"中海投")承包了波兰 A2 高速公路项目,2011 年 5 月中旬,中海外联合体因拖欠分包商工程费用而被迫停工，整个项目因成本管理失控、无法获得合同外工程变更补偿等种种原因,面临 3.94 亿美元(约合 25.45 亿元人民币)的潜在亏损。最终，业主波兰高速公路管理局公开宣布解除与中海外联合体签署的工程承包协议，并向联合体开出了 7.41 亿兹罗提(约合 2.71 亿美元/17.51 亿元人民币)的赔偿要求和罚单，外加三年内禁止其在波兰市场参与招标。该消息一经传播就在业内引起极大振荡，并再次引发人们对中国工程企业海外项目风险状况的担忧。

一、波兰A2公路项目简介

A2 高速公路连接波兰华沙和德国柏林，这条公路是波兰为了 2012 年 6 月和乌克兰联合举办欧洲足球杯而兴建。全场 91km，共分为 5 个标段，设计时速120km,是打通波兰和中西欧之间的重要交通要道,为波兰最高等级(A 级)公路项目。2009 年 9 月由波兰政府公开招标，业主为波兰高速公路管理局。中

国中铁旗下的两家全资子公司中海外和中铁隧道联合上海建工集团及波兰德科玛有限公司(DECOMA)(下称中海外联合体)，以低于波兰政府预算一半的价格中标 A2 高速公路中最长的 A、C 两个标段的总承包合同，总里程 49km，总报价 13 亿波兰兹罗提(约合 4.72 亿美元/30.49 亿人民币)，工期 32 个月。这是迄今为止中国公司在欧盟地区承建的第一个大型基础设施项目,对进一步开拓欧盟市场具有重要意义。

随着工程的全面展开,中海外发现项目进展和投入远非当初预想,到 5 月 18 日停工前,32 个月的合同工期已经超过了三分之一，而中海外 A 标段才完成合同工程量的 15%,C 标段也仅完成了 18%,工程进度滞后。4 月份,以中海外为首的联合承包体派出了由工程预算、合同造价、财务等专业人员组成的工作组，对 A2 高速公路的 A、C 两个标段进行成本预算和盈利预测。结果显示,若要按期完成工程,A、C 两个标段总共需要投入资金 7.86 亿美元，预计收回合同款 3.91 亿美元，整个合同将亏损 3.95 亿美元。随后,中海外原本尚能按时支付给分包商的工程款项开始出现拖欠现象,在多次沟通未果的情况下,

波兰分包商开始拒绝向中海外输送各种基建材料，并最终造成工程从5月18日起停工。该事件再次暴露了我国企业海外项目工程管理的疏漏，为众多正在"走出去"的中国企业敲响了警钟。

二、波兰A2公路项目管理中的问题

中海外在A2公路项目的管理当中，存在诸多问题，其主要表现在项目前期决策阶段和后期实施阶段，其中后者又包括合同管理、成本管理、进度管理等方面。

（一）项目前期决策阶段

2009年9月，波兰政府为A2公路项目公开招标。当时的国际金融危机的影响尚未消散，欧洲各国政府财政紧张，为刺激当地经济，主观上希望国外公司到本国进行投资，波兰政府就打出了"进入波兰即占有欧洲"的口号，而中海外一直想进入欧洲的基础建设市场，但由于技术、环保和政治等多方面的原因一直未能如愿，此前曾联合上海建工集团竞标波兰华沙地铁二期项目，但投标价格比土耳其的一家公司价格高了10%，最终竞标失败。如果这次A2项目竞标成功，中海外就可以逐渐扩大其在欧洲市场的影响力，此外，中海外的母公司中国中铁资金充裕，国内正在大规模建设高铁，中国中铁也希望其子公司在欧洲市场基建项目上获得成功经验，为今后向欧洲出口高铁项目奠定基础，应该说中海外在战略决策层面上是基本正确的。

但在这样的背景下，中海外却忽略了应该根据波兰A2公路项目所处的具体环境做出相应的决策分析，然后再决定是否承接该项目。中海外凭经验认为只要能中标，应用在国内和非洲基本成型的技术，项目实施基本就能处在掌控范围内，因而没有进行详尽的现场观察和市场调研。2009年中海外参与竞标人员去波兰考察，那时兹罗提对世界主要货币大幅贬值，1元人民币能兑换0.51兹罗提，各种基建原材料的价格处于近十年的低谷，于是得出结论：即使低价投标也可盈利。但是在32个月的工期内，汇率、原材料价格都可能发生剧烈波动。事实上，波兰经济

很快复苏，为了2012年欧洲足球杯，波兰开始新建大量基础设施，各种基建原材料价格大幅上涨，一年多来，部分原材料和挖掘设备的租赁价格上涨了5倍以上，从而导致项目成本大幅增加。在波兰，基建项目基本上都由欧洲建筑商垄断，他们都有成熟的从分包商到原材料供应商网络，受原材料价格上涨的冲击较小，而意在进入波兰市场的中海外不仅享受不到优惠的原材料供应价格，还受到欧洲竞争对手的排挤，因为工期紧张，中海外还被迫与分包商签订了对自身不利的合同。

这些不利因素可能是被决策者忽视，但从媒体披露出来的消息看，中海外的决策者们并非看不到诸多不利因素，而是认为即使这样，也可以采取"中国打法"，即以超低价格获取项目的承建权，然后在工程建设过程中变更工程，提出索赔，抬高工程价格。这是中国公司在国内和非洲的习惯做法，但是在欧洲市场却行不通。后来情况显示，中海外不清楚欧洲市场的特殊性和欧洲法律的严肃性，波兰公路局在发给各企业的标书之中，早已明确各种风险——包括变更的困难。因此，中海外决策层明显缺乏对波兰市场情况、实施惯例、运行机制的了解，对国际工程困难及风险估计不足，这为后来的巨额亏损埋下了隐患。

（二）项目后期实施阶段

（1）合同管理

合同的制定和管理是管好国际工程项目的关键，工程项目管理包括进度、质量、造价等方面的管理，而这些管理均是以合同规定和合同管理的要求为依据的。如果承包商对合同缺乏识别力，制定合同条件不完善，则会增加合同风险。中海外把欧盟国家波兰视为打入欧洲市场的第一站，为了取得承包权，不仅忽视了竞标前的勘察设计、竞标文本的法律审查、关键条款的谈判等，而且盲目接受了业主波兰公路局苛刻的合同。招标合同参考了国际工程招标通用的菲迪克（FIDIC）条款，但与菲迪克标准合同相比，中海外联合体和业主最终签订的合同删除了许多对承包商有利的条款，包括：如果因原

材料价格上涨造成工程成本上升,承包商有权要求业主提高工程款项;承包商竞标时在价格表中提出的工程数量都是暂时估计,不应被视为实际工程数量,承包商实际施工时有权根据实际工程量的增加要求业主补偿费用;如果业主延迟支付工程款项,承包商有权终止合同。但以上所有这些有利条款,在中海外的合同中都被一一删除。此外,菲迪克合同文本中关于仲裁纠纷处理的条款全部被删除,代之以"所有纠纷由波兰法院审理,不能仲裁",从而使中海外联合体失去了在国际商业仲裁法庭争取利益的机会。

(2)成本管理

工程项目中成本管理是指在项目实施过程中,为确保项目在批准的成本预算内尽可能好地完成,而对所需的各个过程进行的组织、计划、控制和协调等活动。中海外A2项目成本失控是导致项目失败的最直接原因。

成本失控的首要因素是合同中保障条款的缺失,导致当原材料价格上涨、波兰兹罗提升值时,中海外无法利用FIDIC条款保障自己的利益,只能自己承担额外成本。

在投标时,波兰业主提供的项目PFU(功能说明书)描述不清,地质条件变化造成的工程变更等原因,导致实际工程量远远超出预计,同时存在大量考古等索赔项目,使得工程投入大大超过原计划。这是成本失控的最重要原因。比如说在施工过程中,原先招标时项目说明书称A、C两个标段需要建设一座距离为8 000m的桥梁,而从地质构造来看,需要建的桥梁距离应在6万米以上;项目说明书并未明确规定使用桥涵钢板桩,而中海外在施工中发现几乎所有的桥梁都需使用钢板桩加固,这增加了一大笔支出。

(3)进度管理

一个建设工程项目能否在预定的工期内竣工交付使用,从而保证工程项目按期或提前发挥经济效益和社会效益,这是投资者最关心的问题之一,也是项目管理工作的重要内容。如前面介绍,A2项目在5

月18号停工时,工程进度严重滞后。一般来说,工程项目在实施过程中,其工程进度受许多因素的影响,其影响源主要源自三个方面:业主方、承包商、自然和其他客观条件。

业主方面:由于工程款支付条件苛刻以及业主波兰公路管理局的不配合,导致项目中期计价严重不足,工程款拨付滞后,与现场投入极不匹配,以致项目出现了资金困难,严重影响了工程的进度。

承包商方面:施工组织安排不周,管理不善导致工程无法按计划正常进行。比如波兰人平时主要用波兰语进行交流,但由于中方缺乏既精通波兰语又熟悉法律和工程术语的翻译,只得先将词汇从波兰语翻译成英语,再通过字典将英语转换成中文,整个过程效率极低,中波双方技术沟通有障碍,导致项目施工计划无法有效进行。

自然及其他客观条件的原因:自然环境方面,在波兰每年11月到次年3月是冬季,天冷雪大,温度有时低到零下20度,混凝土等建材都无法使用,只能等到次年才能全面开工;环保问题上,波兰为获得欧盟机构对其基础设施项目的补贴,必须遵守欧盟环境保护法律,在基建项目中,都会要求承包商聘请生物专家进行指导,文物局也会进行考古方面的勘察。比如中海外被当地相关部门要求保护施工现场周围的珍稀蛙类,被迫停工两周,搬运蛙类。

(三)海外工程项目管理对策

通过以上分析,笔者认为造成中海外A2波兰公路项目亏损的根本原因在于公司自身:在前期对项目风险评估不足,盲目投标;在项目实施中按照欧洲标准建设海外工程的经验不够丰富;在发现问题时缺少通过合同维护自身利益、减少风险的意识。可以说中海外长期以来承接项目形成的行政思维和相对粗放的管理方式在很大程度上造成了此次投资的失败。

波兰A2公路项目失败反映出中国承包商对欧洲市场环境缺乏深入了解,经营管理方式、企业运行机制与国际工程市场不融合。一味靠低成本优势来抢占市场份额的决策思路在国内和非洲市场可能奏效,当要进入市场秩序规范、"以合同为准"的欧洲市场时,中国承包商就必须更加重视项目各种潜在的风险,加强项目风险管理,提高自身竞争力,加快与国际市场接轨,而不能只靠低价策略。

(1)项目决策阶段管理

这个阶段的风险管理应做到尽量搜集外界各方面因素。海外工程承包市场存在比国内更多的不确定因素和变数,项目的约束条件不仅多而且约束力强,缺乏弹性,没有国内宽松的协调机制。因此应该充分进行现场考察和市场调研。实地考察项目所在国的地理环境、施工现场、其后情况、材料的来源及供应情况、设备租赁及劳务供应情况,同时分析是否能够对可能出现的风险进行风险管理转化,掌握国际资讯,目标明确,制定合适的投资策略。

(2)项目投标报价管理

成功的报价是建立在充分了解招标文件,以及实现完成的技术标书与商务标书的基础上进行的。认真编制投标书,组织所有参与人员进行技术规范和合同的学习,配备经验丰富的管理团队,发挥企业的优势,增强企业应变能力,适应国际工程运行环境。因为总承包报价是固定总价,报价应不漏项、不错算,应该充分考虑:项目前期资料的不确切、不可预见性情况、工程变更、物价上涨,以及原材料和设备的质量、数量和工期过短的因素,避免报价失误。

波兰 A2 公路项目警示我国企业,在投标报价阶段,投标人要认真研究招投标涉及的不同国家和不同资金来源的法律法规,特别是在欧洲国家,招投标文件内容所涉及的合同及合同执行所涉及的法律法规适用等问题更要明确,因为一旦项目出现问题,解决纠纷才有明确依据。

(3)加强项目管理中的风险管理

由于海外工程项目复杂多变,设立专门的风险管理部门,建立风险防范体系十分必要,对承包商来说,已知的风险可以预防,未知的风险很难应对,风险的识别和分析必须尽量做到全面、详细、准确。只

有正确识别和分析风险,才能主动找到适当有效的方法进行处理。同时,完善海外项目投资风险防范措施,通过国家优惠政策、制度保障和保险、金融工具、FIDIC 仲裁等市场化措施来化解、分散、转移海外投资风险,减少可能的损失。

(4)组建高素质、高水平的项目管理队伍

组建高素质、高水平的项目管理队伍是进行有效项目管理的保障。从 A2 公路项目的的实施可以看出,承包商的团队人员素质明显不能适应国际项目管理。在国际工程承包中,项目管理队伍必须有专业技术、熟悉外语,学习国外项目管理经验,查漏补缺,组建有组织能力和协调能力的队伍。只有这样,我国承包商才能快速提高自身管理能力,形成适合自己的项目管理体系。

参考文献

[1]何伯森.工程项目管理的国际惯例[M].北京:中国建筑工业出版社,2007.

[2]陈赟.工程风险管理[M].北京:人民交通出版社,2008

[3]齐荣光,梁权.从中铁建沙特巨亏看海外工程项目风险管理[J].会计之友,2011(7).

[4]倪伟峰.怎样搞砸海外项目[J].新世纪,2011(7).

[5]王伍仁.EPC 工程总承包管理[M].北京:中国建筑工业出版社,2008.

葛洲坝集团承建厄瓜多尔国家电力公司索普拉多拉水电站项目分析

钱 昊

（对外经济贸易大学国际经贸学院，北京 100029）

本文以中国葛洲坝集团股份有限公司承建的厄瓜多尔国家电力公司索普拉多拉（Sopladora）水电站工程为例，分析我国企业在海外工程承包业务中可能面临的问题和值得借鉴之处。

一、项目背景

葛洲坝集团公司（CGCC，国资委直属中央大型企业）于 2010 年 8 月 31 日收到中标通知书，从而获得承建厄瓜多尔国家电力公司索普拉多拉水电站项目资格（以下简称索普拉多拉项目），中标金额为 6.72 亿美元，并于中标通知书发布后 15 个工作日之内与业主签署了合同。该项目总工期为 1438 天，项目主要内容包括索普拉多拉水电站项目的土建工程和机电设备的设计、制造、供货、施工或安装、实验以及试运行等。

自 2010 年 8 月中标以来，在一年多时间里，该项目的融资协议推进十分顺利，项目已经开始组织前期工作，厄瓜多尔驻华商务参赞埃克多尔·比亚格兰于 2011 年 8 月 30 日在中国对外投资合作洽谈会的发布会上表示，该项目有望于今年年内签订工程建设协议。

索普拉多拉项目是典型的交钥匙合同（EPC），生效条件为业主和承包商正式签署合同协议书；合同协议获得了中厄两国政府审批；由中国有关金融机构和厄瓜多尔财政部之间签订贷款协议；承包商向业主提交合同金额 20% 的银行预付款保函；承包

商收到业主支付的合同金额 20% 的预付款。合同条款包括通用合同条款和专用条款，通用合同条款采用国际咨询工程师联合会（FIDIC）1999 年第 1 版《设计采购施工（EPC）交钥匙工程合同条件》。

二、项目特点

交钥匙合同（EPC）是指承包商从工程的方案选择、建筑施工、设备供应与安装、人员培训直至试生产承担全部责任的合同，最后将一个全部完成随时可以使用的工程交给买方，又称启钥契约、一揽子合同。在这种合同下，由于承包商要进行全部的设计、工程材料和设备的采购以及工程施工，直至最后竣工，承担的风险较传统的 FIDIC 红皮书黄皮书合同条件而言更大。由于索普拉多拉项目持续时间较长，合同的履行对承包商当年公司的财务状况没有重大影响，但会对公司未来几年的资产总额、净资产和净利润产生一定的影响，因此作为承包商的葛洲坝集团公司应密切控制成本，保证工程保质保量按期完成。

众所周知，获得收益，实现共赢是项目投资最重要的目的。从葛洲坝集团角度考虑，虽然近几年公司海外业务急剧扩张，但主要集中在亚洲和非洲，索普拉多拉项目是公司在拉丁美洲的第一项重大工程项目。而从整个行业来看，我国企业在拉丁美洲的项目投资也同样落后于非洲及其他亚洲地区，因此葛洲坝集团公司较早涉足拉丁美洲项目投资，可以尽快适应当地市场，为以后在该地区进一步的投资积累

经验以及其他方面的资源。

拉丁美洲国家的基础设施投资建设大都较为落后，市场潜力巨大，如果公司能够借助索普拉多拉项目成功树立在该地区市场中的口碑，盈利前景将十分广阔。同时，继2008年葛洲坝集团公司首次跻身ENR国际承包商225强之后，部分的由于该项业务的承包，公司在2010年ENR国际承包商225强中的排名跃升至第84位，反映了葛洲坝集团公司自身国际声誉的迅速提升，这也为公司以后继续拓展海外承包业务奠定了基础。从厄方角度来看，为了替代火电和减少能源进口，厄瓜多尔近年来一直在大力发展清洁能源，这一水电站项目必将有助于厄方实现上述目标，也为以后中方企业承包厄方类似工程项目提供了经验。

总体而言，索普拉多拉项目带给葛洲坝集团公司的收益不仅体现在工程收入本身，而且会为其今后继续进军拉美市场树立良好的声誉。而且从政治角度看，索普拉多拉水电站项目是目前厄瓜多尔最大的水电站，成功建成如此大规模的基础设施工程将有利于促进中厄两国政府之间的友好关系，推动两国在其他领域的合作。

三、项目主要风险

收益总是伴随着风险。一般来讲，海外工程承包都有如下共同风险：法律法规制度的约束，当地协作配合支持条件不够，灾害、气候、地质条件对项目的影响，财务和建设成本风险，利率和汇率风险等。具体到索普拉多拉项目，葛洲坝集团公司主要面临以下风险：

(一)政治风险

索普拉多拉项目最大的风险来源于厄瓜多尔政治的不稳定性以及项目施工人员的安全问题。厄瓜多尔历史上曾17次发生政变，境内贩毒猖獗，同时伴有非法武装，而其邻国哥伦比亚长期存在反政府武装。虽然自1979年之后政治逐渐稳定，但一旦哥伦比亚发生政变，受这种氛围的影响，很有引发厄瓜多尔发生年初中东北非国家式的传染性政治动乱，

因此其国内政治的动荡仍然存在可能。政治的动荡将给该项工程带来毁灭性的损失。突然爆发的利比亚战争使包括葛洲坝集团公司在内的13家央企在利项目蒙受了巨额损失，这就是典型的政治风险导致的惨痛教训。而且，即使政治动乱的情况不会出现，当地政府出台的带有保护本国产业色彩的政策也会加大公司承包工程业务的成本。

(二)汇率和利率风险

索普拉多拉项目的工程款项以美元结算，考虑到目前美国对人民币汇率问题的不断施压以及人民币国际化进程的深入，人民币对美元汇率很可能会持续升值，这将造成工程实际人民币收入的减少。同时，伴随国内通货膨胀形势的持续严峻，货币政策的持续紧缩，可能会对葛洲坝集团公司的现有银行贷款和未来的融资带来负面的影响。而该项目的合同中规定承包商必须向业主提交合同金额20%的银行预付款保函，即该合同需要厄瓜多尔业主向国内银行进行融资，银行的信贷紧缩可能会对该项目造成较大的负面影响。

(三)人力资源不足风险

正如在葛洲坝集团公司在2010年年度的报告中指出的，近年来公司工程项目迅速扩张，现有的人力资源已经逐渐不能满足项目扩张的需要，以致可能影响到工程的进度和质量。厄瓜多尔当地大都使用西班牙语，而公司具备西语能力的员工数量严重不足，很可能会影响施工人员与业主的交流进而对工程产生一定的负面影响。

四、控制风险措施建议

针对上述风险，笔者以为葛洲坝集团公司有必要采取措施加以管理：

(一)市场调查和现场考察。公司应对厄瓜多尔当地的政治、经济、社会风俗、税收政策及法律规定进行必要的了解和跟踪，做好正式施工前的准备；同时，对施工过程中可能出现的各种政治方面的不利情况做出实时评估，做好相应的预备措施，将损失降低到最小。

（二）充分运用各种外汇衍生工具，如外汇期货、外汇期权等，对汇率风险进行套期保值，锁定未来的人民币收入。同时，在项目施工的过程中要持续的对汇率的波动进行跟踪，及早发现可能出现的汇兑损失，将损失最小化。

（三）可以通过保险或者将部分工程分包的方式转移部分风险。例如对安全事故风险等可以通过购买保险进行转移。将部分工程分包给具有在当地承包类似项目经验的分包商，并约定其接受业主合同条款，可以使分包商承担一部分风险，实现了公司对风险的转移。

五、政府监管部门应不断提高管理水平

要很好地应对国际承包工程中出现的风险，最重要的还在于承包商必须具备坚实的综合实力基础，也即必须在国际项目承包行业中具备较强的竞争力，因此有必要对影响总承包商竞争力的因素进行客观全面的分析。总承包商的核心竞争力体现为产业链条的整合能力、强大的融资能力和系统集成能力。为此，总承包商必须具备人力、资金和技术等要素来提升这三大能力，最终提高自己在工程承包领域的核心竞争力。对本项目中的葛洲坝集团公司而言，作为我国水电行业最大的央企之一，其下属的各级子公司在建筑施工、水电等八大板块形成了紧密相连、协调发展的产业链，基本具备产业链整合能力，能够独立完成技术难度较高的建筑工程；作为规模较大的央企，凭借自身良好的盈利以及背后政府的支持，葛洲坝集团具有较强的融资能力，但也不能忽视上文中提到的由于宏观因素导致的融资方面可能面临的风险。要加强承包商上述几方面的能力，需要政府与企业双方的共同努力。

首先，政府要对从事国际工程承包的企业进行分类管理，避免无序及过度竞争。

其次，政府要完善融资担保服务体系，有利于优质承包商为承揽国际工程项目获得资金支持及相应的财务建议。

再次，政府应构建对外承包风险保障体系，避免企业由于承包工程当地出现的不可控因素而蒙受不必要的损失。如建立专门的海外投资保险机构，专门用于承保政治风险，在向因政治风险受到损失的企业进行赔付之后由政府出面对相关国家政府进行追偿。企业自身方面，产业链上下游的企业之间要加强合作，实现优势互补，实现对产业链的整合；通过对业务模式合同条件融资条件等进行创新来提高经营效益，进而增强自身的融资能力；诸如葛洲坝集团这样有充足实力的大央企还需要考虑加强集成化管理，提高管理大型项目的能力，确保项目各个环节紧密联系，提供系统集成能力，最终实现企业自身在国际工程承包业务领域核心竞争力的提升。⑥

参考文献

[1]任宏,张巍.工程项目管理[M].北京:高等教育出版社,2005.

[2]王永祥.培育国际工程承包企业的新思考[J].国际工程与劳务,2010(6):19-20.

[3]哈尔滨工业大学系统工程研究所.解读2008年最大国际承包商[J].建筑管理现代化,2009(10):398-403.

[4]张连营,古夫,杨湘.EPC/交钥匙合同条件下的承包商风险管理[J].中国港湾建设,2003(6):48-50.

[5]中国葛洲坝集团股份有限公司重大合同公告.编号:临2010-059.

[6]13央企利比亚投资188亿美元或大幅亏损[EB/OL].网易财经频道.http://money.163.com/11/0822/23/7C3N6V8700253B0H.html.

安哥拉社会住房
工程承包项目风险管理浅议

黄 铂

(对外经济贸易大学国际经济贸易学院，北京 100029)

近几年来，由于欧美等国对于外商投资的限制条件增多，以及技术、法律法规等方面的严格要求，加之处于高速发展阶段的亚非拉美各国对基础设施建设有着迫切需求，中国海外建筑承包工程的重心逐渐向这些地区转移。但是在确保收益的同时，项目风险也是一个值得深入关注的问题。分析中国建筑承包工程业务在安哥拉的项目所可能面临的风险，能给中国企业今后的投资选择提供一些有针对性的建议。

一、项目情况概述

2007 年 11 月 14 日，中国企业迄今为止在海外的最大住宅承包工程项目——安哥拉社会住房项目凯兰巴·凯亚西(Kilamba Kiaxi)一期工程合同成功签署。该合同由中信建设国华公司与安哥拉重建委员会共同签订，采取 EPC(Engineering Procurement and Construction)的项目合同条件，总价超过 35 亿美元。对于进军海外市场的中国建筑工程企业来说，如此大规模的海外承包项目代表着巨大的投资回报，但同时也存在着一定的风险。

该项目的承建方为中信建设有限责任公司的全资子公司，而中信建设有限责任公司在中信集团雄厚资金实力的支持之下，已经在国际工程承包市场开辟出了一条道路。公司曾经承包过阿尔及利亚东西高速公路项目、伊朗德黑兰地铁项目等海外重大工程项目。在项目承包中以投资、融资为先导，采取总承包的形式，再将项目分包给其他各个公司，以促进相关产业的发展。在安哥拉社会住房项目中，中铁十七局集团建筑工程有限公司、中国十五冶金建设

集团有限公司等二十多家企业分别作为承建方承包了各个地块和相关设施的建设。

安哥拉长达 27 年的内战在 2002 年宣告结束，政府为了进行战后重建，推动并促成了这一项目的成型。项目采用 EPC，即设计——采购——施工的合同条件，项目委托方只需要在项目完工时接收，其余与项目有关的设计、材料采购、设备进口、建造等工作全部由承建方负责。整个项目一共分为三期，一期工程自 2008 年 8 月 31 日在安哥拉首都罗安达动工，计划工期为 38 个月，预计 2011 年 11 月底前完成交接，包括两万套公寓、24 所幼儿园、17 所学校、相关的污水处理系统、电力系统、通信系统等配套设施。由于该项目的所有环节均由承建方负责，因此也给国内的相关行业带来了巨大的商机。项目预计带动 50 亿元的国内建筑设备出口，同时输出近 15000 名劳动力。单就作为项目承建方的首钢建设集团公司，与中信建设国华公司签订的项目中净水厂及配套设施合同款项已经达到 1755.6 万美元。

该项目的实施存在着巨大的潜在收益。安哥拉地处非洲西南部，西邻太平洋，石油产量位居非洲第二，加之海上运输的便捷和内战之后稳定的政治局势，已经成为世界各国的新兴投资目的地。此外，安哥拉还是非洲联盟和石油输出国组织的成员国，2011 年 2 月利比亚动乱的爆发以及 10 月卡扎菲的死亡，增加了非洲第三大石油输出国利比亚政局的不稳定因素，石油价格呈现上升趋势，进而提升了安哥拉、尼日利亚等国的影响力和地位。在安哥拉住房项目实施的过程中，包括安哥拉、纳米比亚、几内亚、

刚果(民)等国在内的多国的领导层亲临现场视察项目。如果该项目能顺利实现，那么必将能提升中国建筑工程企业在非洲的影响力，从而获得更多的项目资源。但就非洲这个建筑业的新兴市场来说，投资中的一些风险因素十分值得关注。

二、相关风险因素

1.政治风险

尽管安哥拉目前的执政党是全国最大的政党，而且该党以加大基础设施建设为执政目标，但由于安哥拉住房工程项目共分三期，在今年之后仍有长达7年的项目期，所以政治风险仍是投资安哥拉所需要考虑的风险因素之一，这里主要是指因国内政局的不稳定而对投资产生不确定性因素进而给投资企业带来的不利影响。目前，安哥拉已与邻国津巴布韦、纳米比亚、刚果(金)构建了防务联盟，但苏丹、利比亚等国危机的爆发，使得日趋稳定的安全局势问题被重新提上议题。

2.经济风险

经济风险主要包括通胀风险、汇率风险、利率风险和税收风险。通胀风险主要由货币贬值引起，一旦货币发生贬值，中国在安哥拉的建筑工程需要支付的直接材料、机械设备、劳动力成本和生活成本将大幅上涨，导致项目收益减少甚至亏损。汇率风险主要是指汇率变化给项目收益带来的风险。不仅是安哥拉住房工程项目，中国许多在非洲承建的工程都采用美元结算。2007年11月该项目合同签订时，人民币兑美元汇率为7.42，而在2011年10月，人民币兑美元汇率已跌至6.38。这意味着最终企业最终换回的人民币收益将大幅缩水。利率风险主要来自于国内存贷款基准利率上调的压力。由于国内CPI近期的持续走高，控制通货膨胀已成为国内经济当今面临的主要任务之一。央行采取提高存款准备金率及利率的方法缩紧银根，控制投资规模，但企业融资成本同时上升，这对于承包海外建筑工程的这类项目期初投入大量资本的企业来说绝对不是一件好事。税收风险来源于安哥拉政府在未来几年内是否继续

实施现有的关税制度。由于建筑工程需要大量打桩机、起重机、挖掘机等重型机械，而安哥拉国内的生产技术不能达到施工项目的要求，因此项目基本依靠进口来满足安哥拉国内建筑工程的需要。重型机械本身体积大，价值高，倘若关税税率增加，企业将需要额外支付一大笔资金用于税款，项目工程款随之增加。这会削弱企业参与工程谈判时的竞争力，并且使得企业最终承担部分税收带来的损失。

3.技术风险

技术风险是指工程项目在前期规划、设计和施工的过程中，因技术的偏差所产生的项目风险，此外还包括由于合同中的规定不明确而导致买方最终拒绝验收而产生的风险。针对技术标准而言，中国建筑企业由于发展起步晚，技术水平落后于欧美等发达国家，通常只能依靠低价措施来增加在竞标过程中的竞争力。然而包括许多非洲国家在内的世界各国越来越看重施工技术的稳定性、安全性以及环保性，要求也越来越高。该项目在安哥拉施工时执行的是中国标准，这就有可能在项目完工时项目的标准达不到对方的要求，从而被迫在价格上进一步妥协，让企业蒙受损失。此外，由于合同中存在未对工程职责和范围进行明确划分的部分，最终双方可能因为工程中的漏洞而产生纠纷，由于没有可以依据的文件，并且是在他国进行施工，发生诉讼时企业便会处于劣势，最终不得不通过赔偿和解。安哥拉当地多变的天气情况，复杂的地质环境，也是影响工程施工进度和施工质量，阻碍工程按期完成的重要因素。

三、风险规避措施

安哥拉并不是中国海外建筑承包工程所唯一涉足的非洲国家，非洲大陆地大物博，资源丰富，经济增长潜力巨大，许多非洲国家与中国关系友好，所以大量中国建筑工程项目纷纷在非洲大陆落成。在近20年的时间里，中国对非洲各主要国家的出口呈现出大幅增长的现象，其中用于建筑工程项目的机械出口占到了相当大的比重，可见非洲建筑业良好的市场发展前景。但是，由于部分国家政治局势的不

稳定,或是对投资者保护的法律法规不健全,使得我国对非洲的出口额在近几年出现较大波动。2011年7月苏丹南北分立,就使中国在苏丹石油业的投资面临风险。因此,采取合理的措施削弱风险对企业的影响,保障投资项目的安全对于海外建筑承包工程今后的选择十分必要。

1.完善政治风险防范机制

中国建筑工程企业投资安哥拉,主要看重的是安哥拉战后近几年对基础设施建设项目的大量需求以及巨大的增长潜力。但是由于安哥拉的政治、社会、经济体制还不完善,而中信建设国华公司在安哥拉的住房工程项目又采用的是中国企业独资,再分包给其余的中资企业的形式,并没有与当地企业开展合作,因此承担着一定的风险。对于之后的二、三期的项目,首先,在签订建筑承包合同时,可以极力争取将可能发生的动乱、战争等情况列入合同条款,并对具体的赔偿措施做出明确规定,将风险锁定在可以预期的范围之内;其次,应建立风险分析预警机制,由负责安哥拉问题研究的相关专家和常驻安哥拉的中方机构人员组成研究小组,密切关注安哥拉局势的变化,对安哥拉今后短期一至三年内可能存在的风险或隐患进行具体分析,帮助建筑企业制定投资决策。同时研究后续项目实施的可行性。在风险发生之前做好防范准备,提前撤离项目资金和工程人员,减少风险发生后的损失。最后,应该充分利用中国出口信用保险公司的作用,购买战争险,使得当风险不可避免时能依据保险合同获赔部分损失。

2.加强对经济风险的控制

汇率发生变动致使货币贬值,进两年内人民币的升值致使选择浮动汇率结算的该项目最终将面临巨大损失。因此,企业应依据国际经济形势,对结算货币汇率的未来走势进行合理预估,并据此选择固定或者浮动汇率的结算方式,避免汇率波动带来的损失。在国内融资成本提高的情况下,企业原有的融资方式应该被打破。继续从国内金融机构寻求资金支持,一方面由于需求增多而供应减少会增加寻租成本,另一方面也增加了企业项目进行前期设计的时间成本。在这种情况下,企业可以向国际金融市场寻求帮助,或是在安哥拉当地进行融资。政府也应该积极出台相关政策,例如对海外建筑工程项目进行单独的信用审核,提供信用担保等,帮助企业顺利实现海外投资。该项目由中信建设国华公司承包后分包给20多家中资企业,应在分包或者转包项目的同时,将项目所承受的风险在条款中列出,一并转移。此外,还可以在合同中明确规定委托方延期付款时对承包方的补偿措施,并要求委托方提供相应的资金担保。

3.明确技术风险的责任分配

若一贯地去迎合他国建筑工程的标准,则需要我国企业制定不同的标准去满足不同国家市场的需要,但是这大大增加了我国企业的成本,也不利于企业的长远发展。因此,应该在可行的范围之内提高中国建筑业自身的行业技术标准,并在国际市场上大力推行,用高要求的质量去获得其他国家的认可,增强中国建筑企业在国际市场上的影响力和竞争力。关于工程职责和范围的划分,应该在合理的范围内尽可能地将责任细化,并分条列入合同中,使得双方在产生纠纷时有据可依。同时,企业要做好项目交接之前的验收工作,聘请相关部门出具权威的验收报告,在项目交接时做到风险的完全转移。⑥

参考文献

[1]刘圆.国际金融风险管理[M].北京:对外经济贸易大学出版社,2008.

[2]李冬明,李世蓉.非洲安哥拉项目风险管理的分析和对策[J].重庆交通大学学报(社科版),2007(7).

[3]张际达.对外承包工程如何破题[J].中国建设报,2011(4).

[4]何本贵,刘芳,张军.国际工程承包风险管理浅见[J].建筑经济,2009(2).

[5]邬亲敏.海外工程风险管理初探[J].中国港湾建设,2008(4).

[6]宋杰鲲,徐宏云.石油工程技术服务企业海外项目风险评价研究[J].中国安全科学学报,2010(9).

海外工程项目合同管理探究

李明志

(中国建筑西南设计研究院海外业务部, 四川 成都 610041)

摘 要：越来越多的中国企业"走出去"闯世界,在国际工程承包市场上中国公司已经占有一席之地,我们获得的份额也越来越多,截至 2010 年底,我国对外工程承包企业已经累计完成国际工程营业额 4 000 多亿美元,签订合同额达到 6 500 多亿美元,目前在世界各地均能见到中国承包商的身影。但是,我国企业在境外遇到的挑战越来越大,竞争越来越激烈,由于我们的国际经验还有限,管理能力还欠缺,如果不是谋定而后动的话,在庆祝胜利获得项目的同时也就是艰难实施项目的开始。本文介绍了海外工程常用的合同条件,就海外工程项目管理的核心——合同管理过程和程序进行了较为详细的阐述。笔者认为海外项目的管理必须围绕项目合同进行,项目管理的各个要素在合同中都有明确规定,只要我们认真研究合同,严格执行合同,有思路有方法,项目一定能够做成功。如果按照国内项目管理的经验或方法去实施海外项目,项目成功的概率微乎其微! 所以,无论怎样强调合同管理都不过分。

关键词：海外项目,合同管理,FIDIC,合同条件

前 言

改革开放三十多年来,随着我国经济的快速发展,综合国力的不断增强,我国企业"走出去"参与国际合作与竞争的能力不断提高。政府积极鼓励支持有实力的企业"走出去",充分发挥"两种资源、两个市场"的作用来发展壮大自己,一定数量的企业已经跨入世界 500 强行列,几十家工程承包企业进入 ENR 杂志排名的 225 家世界最大承包商阵营。随着中国企业"走出去"的步伐逐渐加大,中国公司在国际化发展的同时也遇到了前所未有的困难与挑战,实施项目过程中出现了很多问题:或严重延误工期发生合同纠纷、或实施困难发生巨额亏损、或履约能力太差被业主终止合同而遭受天价索赔。发生较远的有中国中川国际公司承建的乌干达电站项目,近期的有中国中铁建筑工程总公司实施的沙特轻轨项目,中国中铁工程总公司总包的波兰高速公路项目。这些项目出现问题的原因追根溯源都是在项目的合同管理方面,要么是草率签约埋下祸根,要么是不能满足合同要求进度大大滞后, 要么是严重违约无力回天,结果导致国内非常优秀的工程公司在海外一些项目上遭遇惨败。

做海外工程项目必须转变观念,重视合同,项目管理的一切活动都围绕着合同进行,换言之,项目管理就是合同管理,合同是项目实施的法律依据,必须认真履约,严格遵守。

一、合同管理是项目管理的核心

目前,在我国说到项目管理必提美国管理学会(PMI)的 9 大管理领域(质量管理 Quality management、进度管理 Time management、费用管理 Cost management、采购管理 Procurement management、人力资源管理 Human resource management、沟通管理 Communication management、集成管理 Integration management、范围管理 Scope management 和风险管理 Risk management)或国际项目管理学会(IPMI)的 42

个要素,因为我国的项目管理理论和项目经理资格培训、认证都是照猫画虎,比着那两个学会推崇的理论进行的。然而我们却忽略了项目管理中最根本的东西–合同管理(Contract management)。在"美国项目管理学会"的九大管理领域和"国际管理学会"的42个要素中,没有出现"合同管理"这个词,那是因为美国及发达国家已经是真正的法治国家,普遍具备很强的法制观念,经济合同早已成为市场经济的纽带和经济建设的基础,依法订立合同,认真履行合同是非常平常的事,一切经济活动按合同办事已成为美国以及其他发达国家的习惯。我国在长期实行计划经济的过程,商品经济不发达,往往是长官意志、人情观念代替了法制,人们的法制意识与合同意识是极为淡薄,经济活动中没有合同概念,更别说敬畏合同的严肃性和权威性了,即使签订了合同,合同也是一纸空文,遇到问题找关系,靠人情来解决。近些年来,我国正在努力建设法治国家,人们的法治观念在逐步加强,所以我们绝不可因为美国的项目管理理论中没有合同管理这个要素就忽视合同管理。

合同是社会一切经济活动的基础。把相关当事人联系到一起共同去实现一特定目标的是他们之间的合同或协议,没有合同或协议也就没有项目。各当事人参与项目的依据是合同或协议,在项目中要做什么,怎么做,什么时候做,做了会怎么样,不做会怎么样,这些问题都可以在合同或协议中找到答案。下面就是一个项目的典型合同/协议关系图。

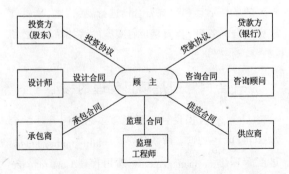

图中可以看出,正是因为合同/协议才把与项目有关的各方联系到一起了。项目无论大小,参与各方都是项目当事人,还有与项目有关系的干系人,少则两个,多则几十个,大型复杂项目的当事人常有业主、投资方、贷款方、承包人、供货商、分包商、建筑/

设计师、监理工程师、咨询顾问等,还有不直接参与项目但与项目的实施有很大关系的政府有关部门,譬如:海关、税务、移民局、劳动局等等。

建立以合同管理为核心的项目管理体系,才是抓住了项目管理的本质。离开合同,项目管理无从谈起,就没有工程质量保证,也没有对进度与费用的管理,更谈不上采购、人力资源、沟通、范围、风险及综合管理。因此,建立以合同管理为核心的项目管理体系,是提高项目管理水平的必由之路。我们应该注重对合同管理体系的研究,以合同为依据进行项目管理才能保证项目的顺利实施,项目各项目标的最终实现。

所以我们说工程项目管理其实就是以项目工程为对象,以项目合同为纽带,以项目目标为目的,以科学技术为手段,项目当事人在有限的资源约束条件下,为实现其目的,运用现代管理理论与方法,对项目活动进行系统化管理的全过程,项目管理的核心是合同管理,合同管理是项目管理的灵魂,无论怎么强调和重视都不过分。

二、海外工程项目合同概述

1.合同的定义

中文《辞海》:合同亦称契约。

美国传统字典:Contract is an agreement between two or more parties,especially one that is written and enforceable by law.

合同就是两方或多方之间的协议,尤其指根据法律签署并实施的协议。

英国朗曼字典:Contract is a formal agreement having the force of law,between 2 or more people or groups.

合同是两人或多人或团体之间订立的具有法律效力的正式协议。

中国《合同法》的定义:合同是平等主体的自然人、法人、其他组织之间设立、变更、终止民事权利义务关系的协议。

从上述的定义中我们不难发现,合同的订立必须以法律为前提,合同必须服从法律,只有依法订立的合同才具有法律约束力,才是有效的。因此,订立合同是一种法律行为，履行合同也是一种法律行为。合同依法成立后，即有法律约束力，任何当事一方不履行合同中的义务，法院都可以根据履约方的请求强制违约方履行合同义务或承担其违约责任，这就是合同与法律的关系。

法律关系又是一种对等关系，即权利和义务总是同时存在的，相互适应和相互制约的，在合同关系中，当事人甲方的权利就是当事人乙方的义务，而当事人甲方的义务又是当事人乙方的权利，只享受权利而不承担义务或只承担义务而不享受权利的法律关系是不存在的。

就海外工程而言，合同又增加了复杂性，海外工程合同是指在海外某国为某一工程项目，来自不同国家的有关法人为实施特定的工程项目根据项目适用的相关法律而签订并用来确定各方责任、权利和义务的协议。海外工程项目合同具有以下特点：

合同内容量大复杂、合同形成过程漫长；

适用法律法规陌生、合同语言易成障碍。

2.合同的分类

由于国别不同，业主不同，工程性质不同，使用的合同文本也有所不同。了解合同的类型，熟悉合同的内容，有助于我们对合同的理解和合同的执行，也有利于进行合同的管理。目前没有统一的划分方法，常见的有以下四种划分：

1)根据工程行业划分：

房屋建筑合同(building contract)

土木工程合同(civil engineering contract)

机电工程合同（mechanical and electrical engineering contract）

2)按照工程内容划分：

施工合同(construction contract)

安装合同(installation contract)

工程咨询合同(contract for consulting services)

设计建造合同(design-build contract)

交钥匙合同(turnkey contract；EPC contract)

管理合同MC(management contract)

项目管理承包合同PMC（project management contracting）

BOT合同-BOT项目公司与政府之间的特许协议(concession agreement，有 BOT、BOO、BOOT、BT 等形式)

3)依据合同关系划分：

主合同/总包合同-业主与总承包商之间的合同(main contract)

分包合同-总包商与分包商之间的合同(sub-contract)

供货合同-总包商与供应商之间的合同(supply contract)

4)按照合同价格划分：

总价合同(lump-sum contract)

固定总价合同 (firm lump sum contract)

可调总价合同(escalation lump sum contract)

固定工程量总价合同(lump sum on firm bill of quantities contract)

管理费总价合同 (management fee lump sum contract)

单价合同(unit price contract)

单纯单价合同 (straight unit price contract)

单价与包干价混合式合同 (unit price and lump sum items contract)

估计工程量单价合同(bill of approximate quantities contract)

成本加酬金合同(cost plus fee contract)

3.国际工程项目常用合同文本

1)FIDIC 合同条件

FIDIC 国际咨询师工程师联合会

FIDIC 是"国际咨询工程师联合会"法文 FEDERATION INTERNATIONALE DES INGENIEURS CONSEILS)的缩写，相应的英文是 INTERNATIONAL FEDERATION OF CONSULTING ENGINEERS。

FIDIC 为适应国际间的土木工程项目建造与管理的需要，编制了一系列的国际间土木工程项目建造与管理的合同条件和范本，以规范世界各国的土木工程承包与管理工作。可以说，FIDIC 合同条件是集工业发达国家土木建筑业上百年的经验，把工程技术、法律、经济和管理等有机结合起来的合同条件。有人称 FIDIC 合同条件就是国际承包工程的"圣经"。

FIDIC 合同条件第一版于 1957 年出版，第一版

合同管理

以当时英国及英联邦国家使用的 ICE 合同格式为蓝本,因而所反映出的传统和法律具有英国特色。FIDIC 合同条件第二版于 1963 年出版,FIDIC 第三版于 1977 年出版,FIDIC 合同条件第四版于 1987 年出版,并于 1988 年出版了修订本。FIDIC 合同条件是在总结了各个国家、地区的业主、工程师和承包商经验基础上编制出来的,也是在长期的国际工程实践中形成并逐渐发展完善的,是目前国际上广泛采用的规范性合同条件。在广纳意见,总结经验后,FIDIC 花大力气在 1999 年出版了全新的合同条件:

Conditions of Contract for Construction

施工合同条件(俗称红皮书)

Conditions of Contract for Plant and Design-Build

生产设备和设计——建造合同条件(俗称黄皮书)

Conditions of Contract for EPC/Turnkey Projects

设计采购施工(EPC)/交钥匙项目合同条件(俗称银皮书)

Short Form of Contract 简明合同格式(俗称绿皮书)

FIDIC 合同条件的基本特点是:

国际性、权威性、通用性;

权利与义务明确,职责分明,内容完善;

合同文本结构体系统一,构成科学合理;

程序公开,有法可依;

公正平等,风险分担。

FIDIC 合同条件的适用性是:

施工合同条件:

各类大型或复杂工程

主要工作为施工

业主负责大部分设计工作

由工程师监理施工和签发支付证书

按工程数量清单中的单价支付已完成的工程量

风险分担均衡

生产设备和设计—建造合同条件:

机电设备项目、其他基础设施项目

业主负责编制项目的"业主要求"

承包商负责大部分设计工作和全部施工安装工作

工程师监督设备制造、安装和施工,以及签发支付证书

在包干价格下实施里程碑式支付方式,个别情况下也可能采用单价支付

风险分担均衡

EPC 设计采购施工/交钥匙合同条件:

政府或私人投资项目,如 BOT 项目(地下工程太多的项目除外)

固定总价不变的交钥匙合同并按里程碑式方式支付

业主代表直接管理项目实施过程,采用较宽松的管理方式,但竣工、检验移交严格,以保证完工项目的质量

项目风险大部分由承包商承担,但业主愿意为此多支付一些费用简明合同条件:

施工合同金额较小(50 万美元以下)、施工期短(不超过 6 个月)的项目,既可以是土木工程,也可以是机电工程

设计工作既可以是业主负责,也可以是承包商负责,合同可以是单价合同,也可以是总价合同

2)国际金融组织合同

国际知名的金融机构世界银行、亚洲开发银行、非洲开发银行等贷款或投资的项目根据 FIDIC 标准合同文件或以此为蓝本另外编写其标准合同文件,譬如:

WB(World Bank)世界银行和 IMF(International Monetary Fund)国际货币基金组织的 Standard Bidding Documents for Procurement of Works 工程采购标准招标文件;Procurement Guidelines,Procurement under IBRD Loan and IDA Credit 国际复兴开发银行贷款和国际开发协会信贷采购指南

ADB(Asian Development Bank)亚洲开发银行的 Procurement Guidelines 采购指南;

JBIC(Japan Bank for International Cooperation)日本国际协力银行的 Sample Bidding Documents under JBIC ODA Loans 日本国际协力银行官方援助贷款项目招标文件范本等。

3)英国合同

ICE/NEC 合同

ICE 是英国的土木工程师学会(Institution of Civil Engineers)编制。该学会创立于 1818 年,具有学

术性、权威性。FIDIC 合同条件就始于该学会的 Conditions of Contract。常见的有：

New Engineering Contract 新工程合同

Engineering and Construction Contract 设计建造合同

Engineering and Construction Short Contract 设计建造简明合同

Engineering and Construction Subcontract 设计建造分包合同

JCT 合同

JCT 是英国联合合同审议委员会(Joint Contract Tribunal)编制，在 ICE 合同基础上制定的房屋建筑合同系列，非常有权威性，JCT 合同在欧洲流行，我国香港地区将其视为标准合同文本。

Standard Form of Building Contract 标准房屋合同格式

Standard Form of Building Contract with Contractor's Design

标准房屋合同格式(承包商设计)

Agreement for Minor Work 小型工程协议

4)美国合同

AIA(The American Institute of Architect)

美国建筑师学会，已有近 150 年的历史，其制定的 AIA 合同系列在美国和美洲地区建筑业界有很高的权威性，影响大，使用范围广。针对不同形式的项目采购模式 AIA 编制了多种形式的合同条件，大体可以分为 A、B、C、D、F、G 系列，如常见的：

A 系列：业主与承包商之间的标准合同

General Conditions of Construction Contract (AIA-A201)通用施工合同条件

B 系列：业主与建筑师之间的标准合同

Standard Form of Agreement between Owner and Architect

(AIA-B141)业主与建筑师标准协议书格式

三、海外工程项目合同的管理

1.合同管理体系

工程合同确定了项目的成本、工期和质量等目标，规定了合同当事人的权利、义务和责任。工程合同管理是对工程项目实施过程中的一切经济、技术合同的签订、履行、变更、索赔、解除、争议解决、终止与评价等全过程进行管理的工作，合同管理贯穿于项目工程实施的全过程。合同管理的主要任务是根据项目的合同和合同所适用的法律法规，运用组织、指导、检查、监督、考核等手段，通过合同谈判与签订、合同实施与控制、全面完成合同责任，及时处理合同争议和纠纷、预防违约行为，从而保证工程项目的合同目标实现。

合同管理的任务必须由一定的组织机构和人员来完成。要提高合同管理水平，必须使合同管理工作专门化和专业化，在承包企业和建筑工程项目组织中应设立专门的机构和人员负责合同管理工作。由于工程项目投资巨大、工期较长、参与单位多、合同复杂、风险也多、不确定与不可预见因素等，有经验的承包商在公司本部都设置有合同管理部门，在项目配置有合同管理专业人员，专司合同管理。

合同管理组织的形式不一样，通常有如下几种情况：

(1)公司本部设置合同管理部门，负责企业的合同管理工作。

(2)对于大型的工程项目，在经理部的组织机构里设立合同管理部，或类似的部门，负责项目的合同管理工作。

(3)对特大型项目，由于参与方众多，合同关系复杂、潜在风险较大，除了专门的合同管理部门外，有些承包商聘请合同管理专家或顾问，通过强化合同管理工作增加项目的经济效益，当然也增加了管理成本。

(4)对于一般的小型项目，设合同管理员，在项目经理领导下进行施工现场的合同管理工作。而对于较小的简单项目，可不设专门的合同管理人员，由项目经理直接负责合同管理工作。

合同管理部门或专职人员的工作主要包括：

•制订合同管理制度，指导合同履行活动，监管合同管理工作；

•参与投标报价，对招标文件，对合同条件进行审查和分析；

•对合同文件进行总体策划，对合同管理事先谋划；

● 参与合同谈判与合同的签订，为合同谈判和签订提出意见、建议甚至警告；

● 负责对合同文件的解释、风险防范的提示、合同义务的履行、合同责任的落实、合同权利的实现；

● 对进度、成本和质量进行总体计划和控制；

● 起草分包合同、采购合同，参与选择分包商、供应商；

● 处理与业主、咨询工程师、分包商、供应商等的往来函件；

● 负责文档管理，收集整理各种会议记录、报表、报告和不同阶段的工程照片及影像资料；

● 负责期中付款和结算申请资料的准备、提交和批准；

● 对合同履行情况进行跟踪、分析和诊断；

● 与担负有合同管理职能的其他部门进行沟通和协调合同管理中的问题；

● 负责索赔工作。

2.合同管理的生命周期

美国项目管理学会在其《项目管理知识体系》中提出每个项目都有生命周期：开始阶段、实施阶段和结束阶段，而合同也有生命周期，从签订生效之日到当事人合同的权利义务履行完毕为止，同样可以划分为合同管理开始、履行和结束三个阶段。

各阶段合同管理的主要内容如下：

(1)项目开始阶段(项目投标开始到合同生效)

当决定参与竞标项目的时候，合同管理工作就应同步开始，因为招投标过程中形成的文件基本上都是合同文件的组成部分。合同管理人员要：

参与资格预审文件、投标文件的编制工作；

审查合同文件，重点是专用合同条件、技术规范和各种银行保函，主要看合同文件的合法性、完备性和公正性；

研究合同文件中的关键条款和描述，譬如合同中的责任义务、工期、质量、支付、变更、违约、索赔、终止、风险等；

提出合同谈判策略、内容修改建议等；

参与合同谈判和签订。

(2)项目实施阶段(合同生效到维修保养期开始)

这个阶段合同管理是合同管理的重点阶段，要做的工作有：

合同的全面分析

承包商的合同责任和义务

工作范围：合同的专用条款、技术规范、工程数量清单、图纸等文件中都有具体定义或描述，不仅合同的管理人员，项目的管理层和技术负责都必须清楚；

合同责任：承包商在工程设计、施工、采购、试验、运输、安装、试生产(试车)以及缺陷责任期维修诸方面要承担的责任，还有为实施本合同要对地方当局、相关干系人、业主和业主代表(工程师)等要承担的责任和义务。

业主的责任和义务

合同文件中对业主责任有专门条款描述，一定要分析清楚，适时要求业主承担其应该承担的责任。譬如，提供承包商实施合同的各种便利，在合同规定的时限范围内提供施工场地、有关资料、进场道路、水电等，下达指令、做出批准、给予认可、回复信函等。业主按合同履行自己的合同责任是承包商顺利履约的前提，同时也是向其提出工期或费用索赔的理由。

工程师(监理)的权力范围

工程师是业主的代表，合同文件或业主任命工程师的函中对其权力范围有明确界定，履约过程中如果工程师下达超越其权限的指示承包商应提出申诉或不予执行，因为出现不利业主的后果业主可以不承担责任。

合同工期

工期是合同管理非常重要的一个管理点，工程项目非常容易在这方面出现问题，要从项目一开始给予高度重视。投标阶段提交的工期进度计划是临时性的，合同生效后一般在一个月内要提交一个新的进度计划表，这个表应根据实际情况制订，要基本能够实现，否则项目一开始就会让自己陷于被动局面。要预见有可能对工期造成影响的内在和外在因素，分析根据合同获得工期补偿的可能性及条件，有计划地做好与工期有关的一切基础性工作和资料收集整理。

合同价格和支付

仔细研究合同文件中有关价格的描述，搞清楚工程量的计量方法和支付程序,熟知关于支付的相关规定(最低支付额、申请时间、付款时限、扣款、迟付等),做足第一次计价资料的准备,制订与工程师或业主关于支付的协商策略,争取对自己最有利的条件。

另外要研究是否有支付风险,汇率风险等。

合同价格的调整

合同价格能否调整,合同中都会有明确规定。如有,要分析价格调整的条件和方法。合同实施环境的变化对合同价格有不同程度的影响,譬如,工程量的大幅度增加、通货膨胀、汇率波动、后续立法、税收变化等,满足条件了都应该要求进行价格调整。

造成价格调整另外常见原因是工程变更。合同中对工程变更都有专门条款描述,要熟知变更程序,变更后的价格调整或确定方法等。对承包商来说,工程变更即合同机会,或争取工期的延长或争取费用的增加,甚至可熊掌与鱼翅兼得。

工程的验收、移交和缺陷责任期

工程的验收包括材料、设备的进场验收,施工过程中的质量验收、隐蔽工程的验收、单项工程完工的验收和移交、全部工程的验收和移交。合同条件及技术规范中对相关验收要求、时间和程序以及违约责任都有详细说明和规定,不仅合同管理人员要知道,现场技术管理人员乃至工长都要清楚。

违约责任

合同订立后,任何一方未遵守合同规定,造成对方损失,都要根据合同承担相应的违约责任,在开始执行合同之前一定要做到心中有数,以免被索赔,受损失。

逾期损害赔偿金条款;

造成第三方人员或财产损失的赔偿条款;

未履行合同义务的违约处罚条款;

索赔与争端

合同中都有专门条款描述,承包商必须认真研究,严肃应对。索赔的程序决定索赔的解决方法。要分析索赔依据的法律、争端解决的方法、仲裁地点、方式和程序、仲裁结果和约束力等。

合同交底

在市场经济环境下,各种经济活动的完成都依赖不同形式的"合同"或"协议",无论管理人员还是技术人员都应该把经济活动规范到合同或协议上来,即按"合同做事",因此,"合同交底"非常重要。

合同交底是指合同管理人员向项目管理人员和技术人员分析解释合同的主要内容,使大家熟悉合同的主要内容、关键条款、管理程序,了解承包商的合同责任、工作范围、违约后的后果等。重点在:

工作范围、工期要求、质量保障、技术标准、合同时间之间的逻辑关系、合同责任界限划分、违约后的法律后果等等。

需要指出的是,绝大多数公司都是项目经营和实施两张皮,经营人员只管拿项目,实施人员只负责工程施工。如果不进行合同交底,实施项目人员不知道获得项目过程中有关合同谈判、签约的细节,乃至重大事项,项目实施过程中就无法把握全局,更不能实现经营人员在合同谈判过程中的一些意图,对项目实施十分不利。

合同管理的过程控制

通过对合同管理的过程控制来保证合同责任和义务的全面完成和合同目标的实现。依据对合同分析分解的结果,在项目实施过程中合同管理人员应对合同管理的过程进行全面跟踪监督、诊断分析、补救完善和清理完结。

(3)项目结束阶段(缺陷责任期开始到履约保函退还为止)

工程满足合同条件移交后,表示:

承包商的施工责任结束,合同责任并没全部完成;

工程所有权的转让,业主使用并照看工程;

缺陷责任期开始,承包商在规定时间内维修缺陷;

合同遗留问题的处理;

缺陷原因的分析和判断;

滞留金的回收;

各种保函、保险的履约和终止;

获得最终接收证书等。

3.合同管理的重点

文档管理

由于项目管理的周期长、范围广、内容多、信息量大,因此在合同管理过程对文档的管理非常重要。如果计划采用现成的项目管理软件(如 P3,Project

等），在项目开始就要用上，通过软件直接规范项目管理的各项工作。

如果不使用管理软件，合同管理人员在项目伊始就要研究制订项目文档管理办法和程序，使文档管理规范化、程序化。

进度管理

在工程项目实施的过程中，合同管理的重点一般都放在"进度、质量和成本"这三个要素上，其实也是合同的关键目标，承包商必须特别注意各种资源的科学配置和工程进度的合理控制，使施工进程严格按照合同计划进行，防止计划延误导致工期的滞后。自己提交且经工程师批准的施工进度计划一定要能实现，否则会非常被动。无数实践证明，工期的延误会使承包商处处被动，带来一系列问题，为赶工期，增加人员设备使成本增加，为赶工期忽视工程质量，违反施工程序，违约行为频频发生，要承担更多的合同风险。

计划管理

计划的编制：常用工具和软件-CPM、PERT、P3、MS Project；

计划的监控：适时检查计划执行情况，重点关注关键线路上的工作；

执行的评估：根据合同要求或工程师的意见，认真编写项目进度月报告、周报告、日报告；

海外工程的业主和监理都十分看重项目计划，由于国内习惯所致，我们的管理人员则不重视这方面的工作，一开始都是为了应付随意编制计划提交，结果发现被自己提交的计划给套住，非常被动。因此，必须高度重视项目进度计划的编制，一定要注意制订计划的前瞻性、提交计划的严肃性、执行计划的科学性、修正计划的时效性。工程师批准的进度计划就成为合同文件的组成部分，如果发生索赔事件，就是重要的证明文件。

质量管理

业主在招标过程中一般都要求承包商在投标文件中提交两份很重要的文件：施工组织安排和质量保证文件，工程的具体技术标准和质量要求集中在施工技术规范中及图纸上，施工的方法、顺序和质量标准有非常仔细的描述，应该使用的材料、材质和数量也都规定十分清楚，因此，承包商的技术人员必须非常熟悉施工技术规范，按其规定的程序和方法施工，保证满足质量要求。

对工程质量有重大影响的 4M1E(man,material,machine,method and environment)五个因素要严格控制。

质量管理方面一个绝对不能忽略的问题是对每一道工序和每一项工作都要做好记录、保存好工程师检查验收后签字的书面文件和资料，另外试验室的工作必须有专人负责，注意保存所有试验资料。合同过程管理中收集保存这类资料非常重要，切不可忽略了。

成本管理

项目的成本管理有两个概念：对业主来说，成本管理是要控制项目的投资，避免预算被超；对承包商而言，成本管理是要控制施工的投入，防止实施工程的实际成本超过投标报价的目标成本，避免亏损。

HSE 健康安全和环境 (health,safety and environment)管理

近些年来，HSE 在国际通行的合同条款中都成了不可或缺的组成部分，承包商要编制项目的 HSE 手册或管理文件，这是业主对承包商考量的一个重要指标，已经贯穿到投标报价、项目管理的全过程，成为评标、中标、履约的一个重要因素。HSE 管理是一种全新的施工管理概念，通过对安全、健康和环境的全方位管理，将施工过程中的危险、对社会的危害和对环境的破坏降低到最小程度。根据项目大小，或设立专门部门，或专人司职。

风险管理

风险管理一般是先要辨识风险(identifying risks)，即分析找出项目实施要面临那些风险；其次是评估风险(assessing risks)，即对每个风险的危害程度进行评估；最后是防范即管理风险(managing risks)，对潜在的风险逐一设置应对方案，及时应对，化解风险，把危害程度降低到最小。

常见防范风险的几种做法：

风险分析

根据合同文件及自己掌握的项目所在国资料，分析各种潜在的风险；

研究合同文件和具体情况，判断有可能要承担

的风险的程度。

一般应该考虑三个方面的风险：

项目合同环境风险：政治、经济、法律、社会和自然等；

项目执行风险：工期、支付、质量、采购、施工等；

项目参与各方风险：业主、监理、政府、代理等。

风险应对

分析了解了在履行合同过程中可能遇到的风险后，就应该制定风险的应对策略，通常的方法有风险规避、风险转移和风险自担。

风险规避：通过协商和谈判改变合同文件中的某些规定，把自己没把握控制和应对的风险进行规避。譬如：不熟悉的技术标准、复杂的施工程序、昂贵的建筑材料等；

风险转移：通过分包合同和保险单进行可遇见风险或潜在风险的合理转移；

风险自担：要制订应急计划，预留不可预见费；重视索赔工作，一旦发生索赔事件，及时收集准备资料，提出索赔。

索赔管理

索赔是合同管理中既普通又重要的一项工作，是调整合同当事人风险分配的一个手段，哪一个合同当事人都有索赔的权力，因此，在合同管理过程中，既要及时主张自己的索赔权力，又要防范别人的索赔，索赔与反索赔贯穿于合同管理的全过程。

由于国际工程承包市场一直都是"买方市场"，承包商处于弱势，尽管有通行的 FIDIC 合同条件等，业主都要在专用条件中设置许多苛刻的条件，对通用条件进行大幅度地修改，导致合同责任与权利不匹配，甚至严重失衡，所以承包商提出索赔的案例居多。有经验的承包商在投标阶段的合同分析和实施阶段的合同管理中，都要寻找合同中有可能进行索赔的机会，注重工程范围的变化、现场施工自然条件的变化、业主合同责任的履行差异、物价的波动、汇率的变化等，制订相应策略，收集索赔资料，适时提交报告。

索赔也是一把双刃箭，可以保护自己，同样也可以伤害自己。承包商一定不可随意索赔，滥用索赔，

应遵守以下原则：

事先谋划、有理有据、切合实际、把握时机、灵活处理。

结束语

从我国众多参与国际工程承包企业公司的经验教训看，要在国际建筑市场上夺得一席之地，并站稳脚跟，首要的问题就是建立高素质的项目管理班子，合同管理要做到前伸后延，可能的话在项目追踪谈判期间就介入合同管理工作，在项目伊始重视合同管理，项目实施过程中加强合同管理，项目结束后认真总结经验教训。主要管理人员要有法律意识、合同意识，项目合同文件要烂熟于心，天天看，时时读，特别是关键部分不能只从翻译件上理解，有能力的话应该读合同原文，既要理解文字的表面含义，也要明白隐含的意思，只有这样才能更好地履行合同。®

参考文献

[1]Project Management Institute. A Guide to the Project Management Body of Knowledge(PMBLK Guide)[M]. Fourth Edition,2008.

[2]Semple Piggot Rochez. Law of Contract[Z].

[3]Bennet P. Lientz,etc. International Project Management[Z],2003.

[4]Robert N. Hunter. Claim on Highway Contracts[Z], 1997.

[5]FIDIC 系列合同文件,1999.

[6]World Bank. Standard Bidding Documents[Z],2006.

[7]Asian Development Bank. Procurement Guidelines[Z], 2006.

[8]杨俊杰.工程承包项目案例及解析[M].北京：中国建筑工业出版社,2007.

[9]蔺石柱等.工程项目管理[M].北京：机械工业出版社,2006.

[10]牛永宏,于东温.国际工程合同管理程序指南[M].北京：中国建筑工业出版社,2010.

[11]邱闯.国际工程合同原理与实务[M].北京：中国建筑工业出版社,2002.

我国建筑节能存在的问题及对策研究

张晨强

（太原社会科学院，山西 太原 030002）

摘 要：我国绝大多数建筑属于高耗能建筑，建筑能耗占全社会能耗的 27%，大力推进建筑节能工作，减少建筑能源消耗，对于缓解国家能源紧缺状况，对于国家长期稳定发展具有极其重要意义。针对建筑节能存在的问题，应在落实、深化和延伸上做文章，形成政府主导、市场运作、多方参与的运作机制，推动建筑节能进程。应完善建筑节能的各项政策法规和标准，严格新建建筑节能管理，加大可再生能源在建筑能耗中的开发利用，加大实行节能奖励制度与消费补贴政策，强化绿色科技研发力度，提高建筑节能的创新能力，为建筑节能改造提供必要的投融资服务。

关键词：建筑节能，问题，对策

我国现有建筑约 430 亿 m²，每年还要新增 16~20 亿 m²，既有建筑中，99% 以上是高能耗建筑，而新建建筑中，只有 4% 采取了提高能源效率的措施。绝大多数建筑属于高耗能建筑，建筑能耗占全社会能耗的 27%，在我国北方地区由于每年都有漫长的采暖期，单位面积采暖所耗能源相当于纬度相近的发达国家的 2~3 倍。大力推进建筑节能工作，减少建筑能源消耗，就能够大大缓解国家能源紧缺状况，对于国家长期稳定发展具有极其重要意义。

一、我国建筑节能存在的问题

尽管国家出台了一系列促进建筑节能的法规政策，大力推进建筑节能工作，但建筑节能工作依然进展缓慢，存在许多问题。

1.建筑节能领域的基本法律缺乏相应的支持。 目前，建筑节能在我国涉及法律文件中仅有《中华人民共和国节约能源法》和《中华人民共和国建筑法》这两部法律，虽然可以作为建筑节能工作的法律基础，但都是仅从客观方面上进行规范。《节约能源法》侧重于工业节能，涉及建筑节能领域的规定只有一条，其中规定的是一般原则，对建筑节能难以起到实际作用，而《建筑法》对建筑节能领域规范涉及甚少，尤其是对建筑节能各相关主体的责、权、利没有明确的法律规定，因而缺乏可操作性。建设部发布的《民用建筑节能管理规定》虽然在推动建筑节能工作方面发挥了一定的作用，但是其效力级别仅为"部门规章"，由于存在部门利益的分割，能源、资源的管理权归属不同，规定范围不全，权力比较分散,所以,缺少普遍的法律约束力。也就是说,没有一个和《建筑法》、《节约能源法》相配套的《建筑节能法》或《建筑节能管理条例》等子法的相应支持,而且在执行上比较弱,对建筑节能敷衍应对的现象相当普遍,处罚得不到落实,远远不能满足建筑节能工作的需要。

2.推动既有居住建筑节能改造进展缓慢。 在市场经济条件下,以有效的经济激励政策,发挥市场机制的作用,是推广建筑节能改造的关键。建筑节能要求建筑在规划、设计、建造和使用过程中,通过采用新型墙体材料,执行建筑节能标准,加强建筑物用能设备的运行管理,合理设计建筑围护结构的热工性能,提高采暖、制冷、照明、通风、给排水和通道系统的运行效率,以及利用可再生能源,在保证建筑物使用功能和室内热环境质量的前提下,降低建筑能源消耗,合理、有效地利用能源。既有建筑已经建成,无法像新建筑那样在建造的环节就注意节能问题,必须进行重新改造。根据建设部发布的测算数字,每平方米既有建筑节能改造费用约200元,要完成全国430亿 m² 既有居住建筑节能改造任务需资金86 000亿元。尽管近年来我国经济高速发展,2010年GDP总量突破40万亿元,但总体经济发展水平还比较落后,能够用于建筑节能的投入严重不足。建筑节能改造需要天文数字的投入,政府无力投入。全社会对建筑节能工作认识不够,根据建设部2008年所做的问卷调查结果显示,有81.4%以上的群众对建筑节能不甚了解。社会对建筑节能改造的好处认识不足,不肯投入,加之没有形成有效的激励机制,致使已有建筑节能改造进展缓慢。以山西太原市为例,"十一五"期间既有居住建筑供热计量及节能改造任务是205.2万 m²,需资金4.1亿元,而配套资金仅1 890万元,既有建筑节能改造进展缓慢。

3.城市供热改造成本巨大,计量收费的政策办法尚未出台,供热计量收费难于全面推广实施。 我国北方的绝大多数城市都没有出台供热计量收费办法,供热收费采取建筑或使用面积收费办法,致使供热企业供热系统改造和用户节能不省钱的问题都没有得到有效解决。如果实行热计量收费,热用户想不用热的时候,就会把阀门关掉,如果很多用户关掉阀门,供热企业这边就不能一直加热,这就会导致供热企业的系统不稳定,那么就需要安装一系列相应的控制系统,这些都在改造成本之列,热表的安装、检测、维护等都需要不菲的费用,供热企业积极性不高。加之热表无法有效计量、计量标准等问题仍有待完善,也导致了计量收费不能有效推行,用热企业与居民参与的积极性还不高,大面积推广难度很大。

4.建筑节能的评估准确性和效果不佳。 突出表现在,落实建筑节能专项验收的能效值实测还存在实际操作困难。能效测评是按照建筑节能有关标准和技术要求,对建筑物用能系统效率和能源消耗量进行科学检测,通过公示建筑能耗主要信息,使建设单位或房地产开发企业明示所建建筑能耗水平,引导消费者选用节能型建筑,并为政府部门判定建筑能耗水平,实施经济激励提供依据。建筑能效测评标识实行按照单体建筑综合测评的能源消耗量(耗热量或耗电量)分级进行标识。每一级能效标识对应相应的单位建筑面积的耗热量或耗电量。但在实际操作中,现有的检测手段和检测办法很难得出准确量化的结果,难以广泛推行能效测评。没有测评结果就难以加强建筑用能的管理和降低建筑能耗水平。

5.建筑节能还缺乏足够的技术支撑。 技术对建筑节能支撑力不足主要表现在三个方面,一是从业人员技术水平有待提高。部分设计人员对节能标准的熟悉程度不够;二是节能技术和产品的可选择性不足,规格不够多、适用性不够强、研发的针对性不够明朗,一些成熟高效的新材料、新技术和新产品尚未得到有效推广与普及,高于50%的节能标准的建筑,在建筑节能技术(产品)的可选择性上明显不足。三是技术标准还需要进一步完善,尤其是施工验收和检测工作作为检验节能成效的重要手段和环节,尚没有国家强制性标准规范。

6.社会节能意识不足,影响了建筑节能的社会参与度。只有全社会树立起"资源开发与节约并重,以节约为主"的观念,建筑节能改造才可能成为全社会成员的自觉行动。我国建筑节能的主体包括开发商、居民、各个方面的职工等等,节能的意识还比较淡薄,影响了节能减排在全社会的开展。

二、加强建筑节能的对策

针对建筑节能存在的问题,应在落实、深化和延伸上做文章,形成政府主导、市场运作、多方参与的运作机制,推动建筑节能进程。

1.完善建筑节能的各项政策法规和标准。各地要认真贯彻落实《中华人民共和国节约能源法》、《民用建筑节能管理条例》、加强建筑节能法规建设,完善建筑领域的节能标准和法规体系,特别是尽快出台当地的建筑节能管理条例,为推动建筑节能工作提供保障。明确各级人民政府、建设行政主管部门及相关部门、业主、设计、施工、监理、质量监督、工程竣工验收等相关单位的在推广建筑节能中的法规责任、承担的义务和相应的处罚。加强标准化管理研究,建立以建筑节能管理为重要组成部分,涵盖目标标准、技术标准、工作标准和评价考核标准的全面、规范、创新的绿色建筑标准体系。

2.建设主管部门应严格新建建筑节能管理。严格执行新建建筑节能审查监督程序,切实加强标准的实施监管,确保节能标准落实到工程建设全过程。贯彻落实《建筑节能工程施工质量验收规范》,完善相应的配套实施细则,加强建筑工程施工监管与监测检验工作,强化建筑节能专项验收,确保建筑节能的质量控制与节能效果。坚持所有新建商品房销售时在买卖合同、质量保证书、使用说明书及住宅品质状况表等文件中载明节能措施、耗能量等信息。大型公共建筑建成后,必须进行建筑节能能效专项测评,达不到节能标准的不得组织竣工验收备

案。制定出台既有建筑节能改造的政策指导性文件,对现有建筑耗能情况进行全面摸底,科学制定既有建筑节能改造规划,建立项目库,储备一批,开工一批,出成果一批。通过扶持既有建筑节能改造示范项目,营造既有建筑节能改造的良好氛围,要加快政府投资或以政府投资为主体建设的既有公共建筑的节能改造,杜绝建筑"节能盲区",推动既有建筑节能改造工作全面开展。开展大型公建和政府办公建筑能耗调查、能耗统计、能源审计、能效公示,建立能耗监测平台,推行市场经济条件下的节能管理模式,力求取得实质性进展。建立大型公共建筑节能监管体系。创新供热计量收费的体制机制,抓好试点,总结经验,适时出台可行的供热计量收费办法,引进合同能源管理方式,推进供热计量改革健康有序发展。

3.加大可再生能源在建筑能耗中的开发利用。随着能源危机日益临近,新能源已经成为今后世界上的主要能源之一。因我国地理环境差异很大,有的地区新能源开发条件比较好,有的地区新能源开发条件比较单一,所以,各地要根据自然环境、地理条件等实际情况,选择成本低、能效高、可利用范围大的新能源进行开发,如太阳能、地热、地道风、沼气等;在重视新能源开发的同时,还应当回收应用废热余热,提高能源利用率。要鼓励部分具有资源禀赋的地区,建立适合当地经济社会实际情况的可再生能源应用政策体系。国家应采取措施,指导各地编制完成可再生能源资源状况和规划,同时,国家应制定完善奖惩制度,建设国家财政资金补助机制,鼓励可再生能源在建筑中的应用,促使其尽快驶上了科学化轨道。国家应优先扶持一批技术先进、操作性强的可再生能源建筑应用项目。加强可再生能源应用技术(产品)研究,建立自主创新、成果转化及高新技术产业支撑体系,带动城市建筑节能建设。

4.加大实行节能奖励制度与消费补贴政策。激励企业与消费者使用节能产品,设立专项资金,加大

建筑节能政策激励力度。对国家、市重点节能项目、节能环保专利产品、重点减排和环保项目进行补贴、贴息或奖励;对专利申请、产品测试、节能认证、展览宣传等给予资金支持;对组织和实施建筑节能重点工程、高效节能产品开发、节能管理能力建设、节能新机制推广做出贡献的单位和个人,给予表彰和专项奖励;研究制定建筑节能技术和产品的补贴标准,用现金奖励、政策补贴的形式刺激消费者或用户购买、使用节能建筑。

5.强化绿色科技研发力度,提高建筑节能的创新能力。开展绿色建筑与建筑节能新技术、新材料、新工艺和可再生能源利用等关键性技术的科技攻关与研究、应用,切实做好技术保障工作。把建筑节能作为政府科技投入、推进高技术产业化的重点领域,支持科研单位、高校和企业开发高效建筑节能工艺、技术和产品,着力增强自主创新能力,突破技术瓶颈。要加快建筑节能技术的产业化。实施建筑节能重点行业共性、关键技术及重大技术装备产业化示范项目,推广潜力大、应用面广的重大建筑节能技术。加快建筑节能技术支撑平台建设,培育节能服务市场,推动建立以企业为主体、产学研相结合的建筑节能技术创新与成果转化体系。促进节能服务产业和环保产业的健康发展,鼓励引导住房消费者使用高效节能环保产品。国家应适时发布和调整鼓励、限制(淘汰)的建筑节能技术目录,加快成熟节能技术和技术集成的推广。支筑企业加快培训施工操作队伍,使其专业化;加快创新建筑各衔接部分的节能技术,使其完备化,以保效果到位;加快掌握建筑节能检测技术,使其标准化,以保质量到位;加快开发建筑节能新产品、新设备,使其产业化,以保应用到位。

6.要为既有建筑节能改造提供必要的投融资服务。支持商业银行不断改善内控机制,提高风险管理技术,充分发挥银行小额信贷部门的作用,开发建筑节能改造信贷品种,提高服务水平,简化贷款审批环节,开发对建筑节能改造的贷款服务,满足家庭、政府和单位建筑节能改造的资金需求。特别是要鼓励商业银行和地方金融机构对政府确定的重大建筑节能改造项目给予信贷支持力度。各地也可以成立城建投资公司,为建筑节能项目提供金融服务,鼓励它们依托地方商业银行和担保机构,开展以建筑节能项目服务对象的担保贷款、转贷款业务。

7.加大培训引进人才力度。加强节能减排知识培训。对从事建筑节能管理及房地产开发、建筑设计、施工、监理、质量监督等工作的人员进行系统培训。在建设领域开展建筑节能集中培训工作,将建筑节能相关知识作为注册建筑师、结构师、建造师和监理工程师继续教育的重点内容,提高专业人员的素质。加强建筑节能对外交流与合作,建设高层次节能人才队伍。通过开展建筑节能科技交流与合作,积极引进先进的建筑节能技术和管理经验,大力吸引建筑节能领域的国内外高层次人才来创业创新,不断提高建筑节能技术与管理水平。将建筑节能宣传纳入重大主题宣传活动,大力弘扬"节约光荣,浪费可耻"、"保护环境,人人有责"的社会风尚,增强全民参与节能的积极性和主动性。组织企事业单位、机关、学校、社区等开展经常性的节能环保宣传。把节约资源和保护环境观念渗透到各级各类学校的教育教学中,提高全社会的节约环保意识。🅡

绿色建筑与系统调试

王文广

尽管在市场上，绿色建筑，尤其是进行 LEED 认证的建筑，越来越多地与系统调试工作联系起来，但是真正了解系统调试并能够具体落实到项目中的人还是非常少的，本文作为一篇对系统调试工作的简要介绍，希望能有更多的人关注这项工作，把这项意义深远的工作发展的越来越好。

系统调试工作为什么如此重要？这主要是从建筑运营管理方面的成本来考虑的。有统计数据表明，在建筑的全生命周期内产生的所有成本中，在建筑运行期间的成本占了 75%。也即意味着，一栋设计得再好的建筑，即使应用了很多的节能设计策略，但是如果不能很好地按照设计师的意图运行，也达不到良好的效果。除了节能方面的考虑外，系统运行的优劣，还直接关系到一栋建筑室内的舒适度和健康等诸多因素。

那么，什么是系统调试？目前在市场上依然是个很模糊的概念。系统调试，在英语里被称为 Commissioning. 在美国是一个很成熟的体系，并且是一个独立的第三方服务，有专业的公司提供这项服务。系统调试的定义，我们借鉴美国的解释应该更为精确：系统调试是一项保证建筑各系统按照设计参数高效运转以满足业主对建筑的要求的系统工程，它整合了传统上互相分裂的工作，包括设计审核，开机试运行，控制系统整定，系统联调，系统平衡测试，文件整理和归档备案，对建筑运行管理方的技术培训和资料移交等。之所以系统调试被定义为系统工程，从以上可以了解到，因为这项工作不仅贯穿项目从设计前期一直到竣工后的移交的全部过程，而且把各个子项工作整合在了一起。

在这里，一个最常见的误区和最容易被混淆的观念是承包商和系统调试服务提供商之间工作范围的界定。我们通常遇到一些业主问到这样的问题：我们的机电承包商在竣工验收之前，都会进行系统调试工作，并且会有很完整的档案资料，否则是不能通过竣工验收的，那么 LEED 系统调试是否跟承包商的系统调试是一件事？它们的区别在哪里？机电承包商都已经把调试工作做了，我们为什么还要请一家独立的系统调试服务提供商？LEED 系统调试是否会进行风平衡和水平衡的测试？是否有单独的国际规范需要满足，是否会与国内规范发生冲突？这样的问题有很多，我想这些问题至今仍然广泛存在于很多人的心里，这是因为 LEED 所提出的系统调试在国内是个很新的概念，而名称上又与国内相同，并且市场上能很专业地提供这种服务的公司又不多，并且即使是这些公司，也并不一定都对系统调试有很深入的了解。这也造成了市场上对全面系统调试这个舶来品没有很清楚地认识和理解，客观上造成了这个对绿色、节能建筑影响甚深的工作没有在项目中得到很好的推广和应用。但是，随着业内对于可持续发展理念和实施的持续关注，系统调试服务作为一个很好的系统工程，必将会越来越体现出其实际的价值，并获得市场的认同和广泛应用。

系统调试具体包括什么工作呢？如前所说，它是一个贯穿项目整个过程的全面质量管理体系，包括从初期业主项目设计要求的明确，设计单位对于业主设计要求的响应，到中期的系统功能性预调试及功能性调试，再到项目结束时的系统资料的移交和对运营管理人员的培训等工作。所以这项工作绝对不是只是保证建筑中的机电系统能够运行就可以了，它是建立在"能够运行"的基础之上，确保系统是否按照设计要求和参数进行运行，是否达到了业主预期的要求，控制策略是否被清晰地定义和落实，建筑运营管理人员是否可以很容易的维护系统以保证它始终以高效的状态运行。

系统调试的范围都涵盖的系统,需要根据不同的调试需求来定义。全面的系统调试工作,即 Total Commissioning,实际上包括了建筑中所有机电和给排水系统,包括暖通空调,强弱电,给排水系统,电梯等。在目前比较广泛接受的 LEED 认证项目中,系统调试工作只包括暖通空调及相应的控制系统,照明及相应的控制系统,生活热水系统及可再生能源系统。

系统调试之所以被广泛重视,是因为它可以给一个项目带来众多的益处,这些益处包括:

1.减少施工期间的变更以及修改洽商等。

由于系统调试顾问从设计前期就开始介入,并对设计文件和图纸从未来施工阶段调试工作的角度进行审核,这样就使得施工调试时的问题被提前考虑和安排,使原本互相分割的工作变成了一个前后呼应的完整工作流程,有效杜绝了设计与施工脱节,导致大量的设计变更和现场洽商等。这不仅使工作更为顺畅,施工工期得到有效保障,同时也避免了相当一部分由于变更引起的建造成本的增加。

2.营造良好的室内工作环境

完整的系统调试工作充分考虑了室内人员新风量,系统平衡,系统各部位的传感器以及系统整体连锁控制运行等方面,使空调系统得以高效、按照设计参数和业主的需求来运行,有效地保证了良好的室内环境。

3.有利于建筑运营管理人员高效地运行和维护建筑系统

系统调试工作中一个很重要的部分是组织设备供应商和承包商对建筑运行管理人员进行系统的资料移交和技术培训,使运营管理人员可以更好地维护和运行系统,大幅减少运行和维护成本。

4.有利于施工阶段的调试工作系统化和流程化,提高工作效率。

5.完善的文档备案

系统调试工作非常重视文件的整理和备案,这在很大程度上保证了设计、施工和运行管理的质量。整个系统调试的过程,每一步骤都有据可查,可以很清楚地了解整个项目的来龙去脉。

6.优化设计文件

作为舶来品的系统调试工作,带来很多对国内业内人员值得借鉴的思路和技术措施,通过对系统调试工作的深入了解,可以改进和优化我们传统的设计。举个简单的例子,通常我们国内的设计都不会在设计图纸中准确标明各种传感器的位置和精度要求,但实际上这项小小的工作,对系统的运行却起着很大的影响。在美国,这些工作就做得很细,很值得我们学习。

相对于以上系统调试工作所带来的益处,系统调试工作所增加的成本,从美国的经验数据可以了解到,费用通常是机电系统工程造价的 2%~5%,系统简单的项目取下限,系统复杂的项目取上限值。

系统调试的工作流程和步骤大体上可以分为以下几个阶段。

一、设计阶段

a)业主对于项目要求的确定

b)设计单位对于业主要求在设计文件中的响应

c)设计文件与系统调试要求的整合

二、施工阶段

a)调试计划的编写和实施

b)功能性预调试

c)功能性调试

d)系统调试报告

e)系统运行手册的整理

三、建筑竣工及运行阶段

a)系统调试资料的整理

b)对建筑运行管理人员的培训

c)建筑运行一段时间后的回访

从以上主要的工作步骤可以看出,全面系统调试的工作贯穿了建筑从设计、施工和运行全生命周期的过程,它的工作是面而不是点,也就是我们常说的,站在系统的角度进行调试,而不是站在单项技术的角度进行此项工作。

系统调试在实际项目中得以比较好地实施,有以下一些因素需要各方认真考虑和配合:

1.业主应该对自己的项目有自己明确和独特的考虑及要求,而不是简单地遵循常规的设计惯例。常规的设计惯例在实际工作中已经成为流程化,很多年都不变。但是,作为具有创新理念的业主,由于是创新理念的实践者,那么就不应该过于受传统的影响,对于很多技术上已经可行的东西,要明确坚持自己的想法。举个简单的例子,是关于建筑室内设计参数的。我们国内的规范要求,对于办公建筑,冬季空调室内设计参数对于相对湿度的要求是≥30%,这是很多年以来沿袭的规定,并且此项要求更为宽松的是,规范备注中讲,对于冬季没有加湿要求的房间,可以不考虑室内的相对湿度,这样的规定,造成了很多项目冬季空调设计根本不考虑加湿的问题。但是在我们的日常生活中,我们是否有因为冬季相对湿度过低而感受到不便呢?比如静电问题,比如人常常感到由于干燥而引起的不舒适等等。这些是我们通常能感觉到的。现在随着人们对于工作、生活品质的提高,对于这个问题就有了更高的关注。人们希望在室内工作、生活时环境更舒适。可是,30%显然不是一个可以让人感到舒适的值。在LEED中,北京气候区这个参数是≥40%。如果在项目初始阶段,业主对于项目的定位没有考虑到这方面的要求,而只是遵循常规的设计,那么很可能造成业主期望建造一栋国际水平的建筑,但是设计单位可能连加湿的问题都不会考虑这样尴尬的情况。而实际上,解决此问题,从技术上来讲一点儿也不困难,只需在空调机组中增加相应的加湿段即可。举这个简单的例子,只是想说明,业主不应该过多受国内既有设计传统的束缚,而是应该更多地从如何去开发一栋更环保,更舒适,更节能,更"绿色"的建筑去考虑。业主的要求非常重要,在整个项目的设计和施工进程中起着方向性的作用。而这一点,目前在国内的工程中还没有被各方给予足够的重视。

2.设计单位需要对传统的设计做法和流程做一些改变,而不能总是一成不变。在这一方面,设计单位需要更多地吸收国际上的做法,而对国内现有的设计传统进行必要的改进。举例来说,对于空调系统的控制策略。这一项来说,目前国内设计单位通常处理得比较模糊,在空调设计文件中并没有很详细的表述,而弱电的控制系统中对于这方面,也只是保证基本的控制策略得以正常运行,那么相当大的一部分工作留给了机电承包商甚至是设备供应商来做,这就造成了设计与施工脱节的问题,给管理和运行带来很多问题。同时,设计意图本身就没有很明确,更谈不上设计对于施工的指导作用和如何准确反映业主的要求。设计方面与系统调试相关的其他一些问题包括,设计单位需要明确哪些重要参数需要在调试过程中收集,这些参数点的位置在目前通常的设计中都不会有提及,测量参数的设备的精度目前没有统一的规定等等,所有这些,都是系统调试工作所必需的。相信随着系统调试工作越来越受到更多的重视,这些问题会逐渐得到纠正和完善。

3.机电承包商的调试工作与系统调试服务提供商的协调配合。如前所述,系统调试工作是站在系统的角度通盘看待整个机电系统的运行状况,这个出发点应该是基于所有分项工作都已经正常工作和运行。比如风平衡调试,一定是要在系统调试工作前完毕才对。通常来讲,系统调试服务商不会直接进行现场的测量和基本的调试工作,这些工作应该是由机电承包商来配合进行。而目前的现状是,承包商通常只关注于自己那部分工作,对系统调试服务商的配合力度明显不够,从而导致系统调试工作未能充分发挥其应有的作用。更由于系统调试工作是承包商常规工作以外的工作,承包商通常不愿意在这方面投入人力物力。解决此问题的关键还在于业主对于系统调试工作的理解和推进工作,并以合同约定形式细化机电承包商对系统调试工作应尽的配合工作。

4.系统调试服务商的技术实力。这也是整个系统调试服务过程中非常重要的一个因素。在美国,系统调试服务商的骨干力量通常都是有十几年相关工作经验的人员。而在中国,由于系统调试是一个新事物,还没有在这方面长时间工作的从业人员,无论从纯技术角度,还是站在系统的角度全面把控整个项目的能力,都有待进一步加强,这也是为了使这项工作更好地被应用到实际项目中所需解决的问题和未来的发展方向。随着这项工作越来越受到重视,相信来自业内各方面的资深人士将会更多地参与进来,比如来自设计单位,施工单位,业主等方面的人员,这将会极大促进系统调试工作的开展以及挖掘出这项工作本身内在的巨大价值,推动整个建筑行业的节能减排和可持续发展。⑪

33 岁的牛志平是清华大学土木工程系建设管理专业博士，高级工程师，一级建造师，现任北京建工集团天津于家堡金融区起步区 03-15 地块超高层金融写字楼工程总工程师。虽然学历高至博士，牛志平却一直坚守在施工一线，务实的态度赢得了同事们的赞许，也让他获得了"牛博士"的昵称。

施工一线的务实博士

——记北京建工集团优秀青年知识分子牛志平

张嘉铮，杨海舰

扎根一线　点滴积累

2006 年刚参加工作时，牛志平主动要求到一线去锻炼，这一去就在工地扎下了根。身边常有同事替他惋惜："博士在施工现场工作，有点大材小用了吧！"听到类似的话，他笑笑："打好基础最重要。"

牛志平心中清楚，高学历不等于高能力，在建筑施工行业工作，就要从最基层做起，不断积累施工经验，一步一个脚印，把自己锻炼成为具有丰富的理论知识与实践经验的复合型人才。

2007 年 11 月，兵器科技信息大厦工程开工，牛志平从苏州调回北京，担任项目部技术质量部部长。在工作中，从编制方案到现场验收，从深化设计到指导施工，他都精益求精、不辞辛苦。该工程最终获得北京市结构"长城杯"和建筑"长城杯"双项金奖。

参加工作五年来，牛志平先后转战合肥、苏州、北京、四川什邡和天津五座城市，参与了住宅、工业厂房、科研办公楼和超高金融写字楼等各种工程的建设。学习施工工艺、探索适应各地的施工组织方式，他像海绵一样不断充实自我、吸收各种知识，积累了丰富的施工技术管理经验，最终从一名普通技术员成长为项目总工程师，并取得了一级建造师资格证书和高级工程师职称。

不畏艰苦　勇挑重担

在兵器科技信息大厦工程完成竣工验收后的第三天，牛志平被调到了四川，任什邡市蓥华镇统迁安置小区工程执行经理，投入到紧张的援建工作中。

什邡市蓥华镇统迁安置小区工程是 2010 年北京市援建什邡的一项重点工程，工期目标紧、质量要求高、施工条件差。他在 2010 年元旦到达现场后，施工场地内的拆迁还没有完成，地勘和设计图纸都不齐全，而工期目标却相当紧张。

面对种种困难，牛志平没有退缩，而是积极主动地寻求各种解决办法。拆迁没有完成，他就主动找到蓥华镇政府和北京市前线指挥部协调拆迁进度；设计图纸只有地上部分没有基础部分，他就组织项目部技术人员先审核地上部分的图纸，并向相邻施工单位借来相似栋号的图纸看。那一年春节，他第一次没有回家过年，留在工地组织施工。

参与什邡援建期间，西南地区遭遇50年一遇的大旱，鋬华镇每天只供水4个小时，项目部生产和生活面临极大困难，牛志平就积极联系当地消防队，为施工生产和工人生活争取到了用水。

工程地基状况异常复杂，牛志平想尽各种解决方案，力争缩短工期。在结构抢工期间，他每天只睡3个半小时，白天协调处理各种现场和技术问题，晚上研究各种技术方案，编制施工计划。在装修施工期间，他狠抓工程质量，从外墙涂料到室内水泥楼地面，从屋面瓦到塑钢门窗，事无巨细，他都精心控制，最终圆满实现了工程的竣工目标。鋬华镇统迁安置小区工程被誉为"北京市援建工程中质量最好的住宅工程"，并通过了四川省"天府杯"和北京市建筑"长城杯"验收，获得了"双杯"荣誉。

挑战自我 勇攀高峰

就在鋬华镇统迁安置小区工程完成竣工验收、即将收获胜利果实的时候，牛志平又踏上了新的征途，担任天津于家堡金融区起步区03-15地块工程

总工程师，挑战超高层建筑的施工技术管理工作。

刚到施工现场，土方开挖基本完成，几乎没有施工准备时间，他带领技术质量管理人员克服时间短、图纸复杂、缺少深基坑内支撑施工经验等困难，解决了基础施工的各项技术难题。针对基坑内支撑对基础施工影响较大的情况，他与设计院、业主以及相邻地块施工单位充分沟通，最终进行了内支撑拆除方案和格构柱处理等多项变更洽商，为相邻地块处理类似难题提出了指导性依据。

"现在做不好小事，以后也做不好大事。"对待工作，牛志平深知千里之行始于足下、万丈高楼起于垒土，几年来，他在历练中不断成长、在积累中不断提高，实现了从学生到管理者的成功转变，体会到了什么是使命感与责任感。

今年，牛志平以总分第一被评为北京建工集团第七届"优秀青年知识分子"。在"十二五"开局之年，牛志平对建筑业转变经济发展方式有深刻的体会。作为超高层建筑的建设者，他在科技创新、绿色施工的关键课题上钻研，在不断的历练中迈向卓越。🖉

全国城镇污水和生活垃圾
处理设施建设"十二五"规划出台

根据国家发展和改革委员会、住房城乡建设部、环境保护部编制的《"十二五"全国城镇污水处理及再生利用设施建设规划》，同期，全国直辖市、省会城市和计划单列市城区将实现污水全部收集和处理，地级市处理率达到85%、县级市达到70%，县城污水处理率平均达到70%，建制镇污水处理率平均达到30%。

此外，到2015年，直辖市、省会城市和计划单列市的污泥无害化处理处置率达到80%，城镇污水处理设施再生水利用率达到15%以上。

三部委预计"十二五"期间，全国城镇污水处理及再生利用设施建设规划投资需要近4300亿

元。截至2010年年底，我国城镇生活污水设施处理能力已达到1.25亿立方米/日，设市城市污水处理率已达77.5%，化学需氧量（COD）污染减排贡献率占"十一五"期间全国COD新增削减总量的70%以上。

根据三部委《"十二五"全国城镇生活垃圾无害化处理设施建设规划》，到2015年，直辖市、省会城市和计划单列市生活垃圾全部实现无害化处理，设市城市生活垃圾无害化处理率达到90%以上，县县具备垃圾无害化处理能力，县城生活垃圾无害化处理率达到70%以上，全国城镇新增生活垃圾无害化处理设施能力58万吨/日。🖉

包容·扬弃·创新·发展

——从微观视角谈开放性企业文化创建

吕新荣

(新疆建筑科学研究院，新疆 乌鲁木齐 830054)

新疆建筑科学研究院(以下简称"新疆建科院")创建于 1956 年,是新疆建设行业唯一的一家专业门类齐全的综合性科研机构。是自治区实施科教兴新和区域创新战略不可或缺的一支重要力量。1984 年被自治区列为首批科技体制改革的试点单位之一,2000 年被自治区确定为区属改制科研院所。改制后,由中建新疆建工(集团)有限公司代表国有资产管理机构授权我院经营,每年仍然按照自治区科技体制改革的政策规定在自治区编办事业登记管理局进行事业法人登记。自治区对已转制的 15 家区属科研机构的标准称谓为"改制事业单位"。业务范围涉及工程材料、化学建材、建筑设计、工程勘察、工程监理、质检技术等多个领域。2000 年通过了 ISO9000 质量体系认证。1994 年以来连续保持着"自治区文明单位"荣誉称号。

改革实践中,我们深深地认识到,作为自治区行业区域创新骨干力量的科研机构,前两轮所进行的改革,改掉的只不过是不适应生产力发展的环节和方面。我们认为,改制后我们原来所承担的服务政府和造福社会的职能不但不能变,相反,只能与时俱进地加强而不能因为改制一味地去追求经济效益而人为地削弱这一职能。具体如何加强,则要严格按照党中央在全党业已开展的科学发展观的学习成效(解决实际问题)的要求,以"科学技术是第一生产力"为指针,以新疆维吾尔自治区党委和人民政府提出的科教兴新战略为导向,永远站在自治区科研科技潮流的最前头,以实现好、维护好、发展好全区各族人民的共同利益为己任,抓好自治区建设行业的自主创新能力建设,为科教兴新战略和区域创新能力建设,如节能减排等工作做出我们应有的贡献。最终为推动我区经济发展和社会进步、构建和谐美好新疆而努力奋斗! 这是时代赋予我们的责无旁贷的历史使命!

下面结合我单位实际,谈点自己的拙见。

所谓企业文化,就是企业在生产经营实践中逐步形成的,为全体员工所认同并遵守的、带有本企业特点的使命、愿景、宗旨、精神、价值观和经营理念,以及这些理念在生产经营实践、管理制度,员工行为方式与企业对外形象的体现的总和。它与文教、科研、军事等组织的文化性质是不同的。

企业文化是企业的灵魂,是推动企业发展的不竭动力。它包含着非常丰富的内容,其核心是企业的精神和价值观。这里的价值观不是泛指企业管理中的各种文化现象,而是企业或企业中的员工在从事商品生产与经营活动中所持有的价值观念。

谈起企业文化,不同的人对它有不同的理解。它因企业家的文化层次、知识结构、学识水平、世界观、人生观、价值观以及对所承担的社会责任的认知的迥异,对它的理解也各不相同。尽管原因很多,若从哲学层面上来分析,则是唯物辩证法所要研究的"潮流"和"趋势"深层次辩证关系所要研究解决的问题。

记得一位哲人曾这样说过，一个没有文化的民族，是没有脊梁的民族。也诚如鲁迅先生所指出的那样："我们从古以来，就有埋头苦干的人，有拚命硬干的人，有为民请命的人，有舍身求法的人，虽是等于为帝王将相作家谱的所谓'正史'，也往往掩不住他们的光耀，这就是中国的脊梁。"可见，文化不仅有技术的价值，更是精神价值的所在。

由此我们不难导出一个引领时代潮流的推论：知识改变命运，学习成就未来，文化引领企业！

企业管理，为什么微软做得很成功？微软的股票市值，美国顶尖的三大汽车公司的总和还没有微软多。微软为何如此了得？原来微软成功的秘密是创建了学习型组织，靠先进的企业文化引领企业的发展。

那么，什么是开放性企业文化呢？这里，我不妨试着给它下个定义。

所谓开放性企业文化，就是为了企业的发展，以毛泽东思想、邓小平理论、"三个代表"重要思想和科学发展观精神为指导，先采取"拿来"的办法，把国内外、区内外有利于本企业发展的管理思想、管理经验、管理办法等先进的东西引进来为"我"所用，通过学习、借鉴和吸收，紧密结合本企业的具体情况，创造性地吸收并加以持续地改进，将其变成为指导本企业开展各项工作的管理制度，并通过学习培训和灌输，将这些规章制度固化到每个职工的心目中，形成你这个企业全体职工的自觉行为准则，即企业愿景，并在实践中持续改进，不断创新，这就是开放性的企业文化。

实践证明，一个国家、一个民族、一个组织，要想永远立于不败之地，光靠自己的点滴经验和固有的规章制度是不行的，必须要有开放的思想，老老实实的态度，学习他人之长，补自己所缺之短，并善于革新，这样才能立于不败之地。否则，你将会犯"时代错位性的错误"。不妨让我们翻开中国近代史看看，可以说我们中华民族的近代史，就是一部遭受列强空前凌辱的百年史。这是为什么呢？尽管原因很多，但最根本的原因就是犯了时代错位的错误。这一错误对一个民族来说是一种灾难性的错误。今天人类已经进入了这样的信息网络时代，如果我们还是一人在上，万人在下，一切听我总裁的，一切上级第一，最后你这个企业绝对要倒闭。我们不妨去看看已经倒闭的国有企业，或即将倒闭的国有企业，当你走进它的会议室、走进它的办公室，你会看到墙上还挂着那么多的漂亮的牌子：先进企业，优秀企业、文明单位。谁给它的？上级给它的。上级满意用户不满意，输掉了！所以世界企业自二战以来，第二次变革，怎么才能成功？必须以用户为中心。基于此，我们不难得出这样一个结论，未来世界管理变革的趋势是：创新是一个企业未来管理的主旋律；知识是一个企业最重要的资源；建立学习型的组织、构建先进企业文化将是未来企业的成功模式。

为什么说"三个代表"思想是个非常重要的思想呢？它的伟大之处就在于它能准确把握世界发展的大势，紧扣时代发展的脉搏，因时而化，与时俱进，不失时机地抓住我国改革开放发展时期的主要矛盾，形成体现我国鲜明时代特色的、具有前瞻性的、纲领性的治国安邦思想。这一思想体系中有一条就是代表先进文化的前进方向。可见，文化对一个民族来说是何等的重要。前不久中央召开的十七届六中全会，是一次从战略上对文化改革发展进行研究部署的重要会议。胡锦涛总书记在全会上的重要讲话，深刻论述了新形势下推进文化改革发展的重大意义，对贯彻落实全会精神、做好当前党和国家工作提出了明确要求。全会审议通过的《中共中央关于深化文化体制改革、推动社会主义文化大发展大繁荣若干重大问题的决定》，全面总结我们党领导文化建设的成就和经验，深刻分析文化改革发展面临的形势和任务，在集中全党智慧的基础上，阐述了中国特色社会主义文化发展道路，确立了建设社会主义文化强国的战略目标，提出了新形势下文化改革发展的指导思想、重要方针、目标任务、政策举措。《决定》充分展示了我们党对文化建设的高度自觉，充分体现了社会主义文化建设的客观要求，充分反映了全党全国各族人民的共同愿望，是当前和今后一个时期指导我国文化改革发展的纲领性文件。这实际上就是不失时机地捕捉住了我国文化改革发展的"红蝴蝶"。

那么,怎么创建开放性的企业文化呢?我们不妨从以下四个方面入手进行创建。

第一,包容

什么是包容?所谓包容,就是采取"拿来主义"的办法,首先要端正学习态度,把"他山之石"这个外部的先进的东西引进来,并对它进行认认真真地学习、消化和吸收,不断地改造自己的主观世界的过程——学习的过程。目的是通过这种途径,借鉴别人的现成的成功经验和先进的好的做法,为"我"所用。这样既避免走弯路,节约时间和资金,提高工作效率,增强自己对外部变化了的世界的快速反应能力,不至于犯时代错位错误,又降低了本企业的成本,这是很好的良方。这种成功的案例不胜枚举。就拿中国共产党在革命和建设时期的成功经验来说吧,中国共产党之所以历经磨难而不衰,千锤百炼更坚强,就是有效学习外来文化,创造性地开展工作的结果。也正如毛泽东同志所指出的那样:"马克思列宁主义的普遍真理一经和中国革命的具体实践相结合,就使中国革命的面目为之一新"。我院现行的好多制度,如"以全面预算管理为指针,实行精细化管理"等做法,就是通过向外来文化进行先包容(学习借鉴)后扬弃(有选择地吸收)的结果。

第二,扬弃

所谓扬弃,从哲学的层面上来讲,是指事物在新陈代谢的过程中,发扬旧事物中的积极因素,抛弃旧事物中的消极因素——"包容"的目的。

我们有些同志也许见过,在农村,农民老大哥用筛子筛稻谷,反复将稻谷扬到空中,体重轻的和小的稻壳等杂质就被扬入空中,会被筛子筛掉,有用的稻米却被留了下来。事实上这就是扬弃的过程。扬弃不是简单的抛弃,而是一种有选择的保留和去除。这里不妨给大家举个简单的例子,大家知道,对我们国有企业来说,通病可能谁都知道。机构臃肿,人浮于事,吃饭的多,干活的少。怎么办?精简。说着容易做着

难。每个单位的领导都为此犯愁。请大家不妨听听我单位的做法:"先乘后减"。什么是先乘后减?就是先做"乘法",即通过学习型的精简,再做"减法"。如,你这个单位要优化结构,不妨先让每个人学3门手艺,之后再进行考核,最后只保留三分之二,这就叫先乘后减。关于什么是先事后人,在此就不再啰嗦。只有这样,才能根治被当代专家形象地称之为的大企业病——"恐龙症"。恐龙是个庞然大物,"恐龙症"是世界各国很多大中型企业所犯的通病。生物学家们研究发现,恐龙的尾巴若被其他动物咬上一口,这个坏消息传到它的大脑,大概需要一分半钟。所以生物学家说,恐龙为什么会灭绝,可能就是因为这个坏消息传递得太慢,不能适应大自然的变化,从而导致最后的灭绝。所以,要想使你的企业保持良性循环,必须进行管理上的变革——走"精简"与"扁平化"的"强军"管理改革之路。

第三,创新

什么是创新?若用两个字回答,就是"创造";如果用四个字来回答,就叫"持续创造"——"扬弃"的目的。

今天市场瞬息万变,一个企业怎样才能做到具有很强的适应能力,这是非常重要的现实问题。所以,怎么创建学习型组织,就是要把我们的组织建设成富于弹性的组织。如何达到这一目的,不妨从以下几个方面入手:

首先,要从观念变革入手。在此,我也主要想讲两点:过去和现在。

第一个观念,我们办企业如何才能取得利润的最大化呢?过去我们好多企业做事都是通过"量多"和"质优"来求效益。说到这里,很多同志可能在想,量多和质优怎么又变成过去了呢?今天许多管理专家提醒我们,很多企业输就输在这个量多和质优上面。就拿我院所开展的岩土工程施工项目,即建高层楼房时所做的深基坑支护项目来说吧,类似这样的项目,量确实多,多在哪儿?多在产值上,一般都在几十万甚至上千万元不等。像这样的项目,你做得越多,亏的就越多。与其这样,还不如不做,明智的做法是去

开辟"蓝海"。这就是这些年来我们调整经营思路的原因所在。所以今天你作为一名企业家怎么样取胜，必须换个思路：以快速、创新赢得市场、求得效益。

第二个观念，过去我们强调热心服务。今天，专家们提醒我们，要做到贴心服务和超值（分外事）服务。如我们到饭店吃饭，你会给酒店服务员说，你能不能把你酒店的特色菜给我推介一下，那位服务员会很热心：先生，这个菜 980 元，这个 890 元，这个菜 790 元。三个菜一点，我知道，那位服务员很热心，但是，她是哪个贵，就往哪里宰！如果你到另一家饭店去吃饭，那个服务员是这么给你介绍的：先生，这个 980 元的菜，我知道你要款待你的贵客，但你千万不要点，因为太贵没人吃，已经不新鲜了。我建议你点那个 80 元的，你不要看那个 80 元的，它色、香、味都很好，你的客人一定会满意。我知道，这位服务员跟我贴着心，同时又让我如此体面地招待我的客人，尽量为我着想，下次接待客人，我还会去那里。

下面我重点谈谈我院在管理上是如何创新的。

1.汲取类似于多人拔河时有人要小聪明无团队精神不出力的错误做法，建立"以德为先，德才兼备，人尽其才，才尽其用"的人才选拔和使用的有效激励机制，将责任量化到每个人头上，尽量不使用惰性大和饱食终日、没有真才实学、只会溜须拍马、碌碌无为的庸才之辈。这样，既为有识之士创造了成长空间，又避免了庸人无事生非现象的发生。

2.基于人类整个演进的历史——几乎都是在为实现"公平"二字而努力。如，没有公平，世界永远不会有和平；没有公平，社会永远不会有安宁；没有公平，人心永远不会有平静；国家与国家之间有不公平，就会引起战争；社会中有不公平，就会引发动乱；人心中存有不公平，就会彻夜难眠，心绪大乱。基于此，我们以科学发展观为指导，坚持以人为本，建立了独具特色的公平的组织文化。如，在干部的选拔配备上，我们按照"公开、公平、公正"的原则，切实把那些职工群众所拥戴的"以德为先"，"三商（智商、情商和逆境商）"兼备的优秀人才选拔、充实到各级领导岗位上

来；在职称评聘上，论业绩和能力进行推荐，切实使选拔出来的干部和所评出来的职称经得起群众和实践的检验。

3.建立了"言必信、行必正"的诚信文化。我们在全院倡导"做人首先要讲公心，同时还要有责任心"的文化。作为我们组织的一员，一事当前，你首先要有公心，有了公心，你才会有责任感和大局意识，才能谈得上干好工作，即富于责任心。因为这是一个组织成员做事的基础，同时我们教育、引导、激励职工，要严格遵守"爱国守法、明理诚信、团结友善、勤俭自强、敬业奉献"，加强诚信建设。同时要求职工做到"成功时不忘形，失败时不变形，做人做事按原形"的正面教育机制。

4.在组织发展上，目前，我们正在按照科学发展观的思想要求，以效率优先、兼顾公平为前提，在全院各分院积极推行"创建学习型组织，争做知识型职工，打造创新型团队"这一活动。以包容为手段，以持续改进为途经，以提升组织的核心竞争力和最终实现企业的可持续发展为目标，集全员智慧思改革、谋发展。并要求全体职工务必做到"爱国爱院，团结互助，诚实守信，博学笃志，无我奉献"。

5.在"三重一大"问题上，尤其在对重大项目的决策上进行决策创新，目的是为了规避决策风险。我们常说，单位要发展，决策是关键。鉴于决策失误是领导者最大失误的古训，近年来我们在决策上探索出了对院两级领导班子实行对"'三重一大'决策记名投票表决制"的决策办法。目的是为了确保决策者的决策权利和所承担的责任相对应，即若决策投资项目盈利，就对投赞成票者予以适当的奖励，反对者则不享受（对二级经营组织则实行决策后的上报审批备案制，切实杜绝非理性的决策行为）；反之亦然。从而形成对院两级决策层的激励和约束机制，从源头上遏制住了组织的经营风险。经过实践的验证，这种做法效果比较明显，这几年我们几乎没有出现过较大项目决策失误的行为。如我院目前所开展的绿色环保节能材料，如"外墙装饰保温板"，就是按照国家建筑节能标准或条令的要求，通过上述决策途径决

策的结果。

6.建立了以科学发展观重要思想为指导，以全面预算管理手段为指针，实行精细化管理的做法。通过狠抓"四个创新"，即：

一是思维创新。管理学家们得出这样一个结论：当今世界唯一不变的就是变化。鉴于此，为加强我单位的管理，提高工作效率等目的，近年来我们按照"集权有道，分权有序，授权有方，用权有度"的原则，并实行分层级管理的做法，切实达到了扁平化管理这一目的，从而提高了组织应对外界变化了的和变化着的事物的快速反应能力。

二是抓好制度创新。按照无懈可击的原则，使所制定的制度内容全面，使能人智慧充分涌流，坏人无法钻控子。切实达到"赢利与赢心同在，质量与效益并举"这一目的。如为切实加强和改进新时期我院党的建设工作，推进"三个文明"上台阶，针对我院党建、思想政治工作和精神文明建设工作在新时期遇到的一些困惑，如存在着不适应社会主义市场经济体制的思想意识；党支部的工作方式仍停留在传统的工作模式中，存在着就党建抓党建，支部工作不结合经济、行政工作进行的现象；少数党支部软弱涣散，班子不健全，党内生活不正常，党员队伍建设薄弱，不能充分发挥党员的先锋模范作用，个别支部甚至出现党性不强、作风不正；有的支部发扬民主不够，党员的民主权利受到侵犯，甚至出现了"民主不充分，集中不起来"等现象和问题。前述现象和问题既影响了我院两级党组织及领导班子的团结和统一，影响了党和企业的形象，也使党的战斗力受到损害，威信受到损伤，并直接影响到我院改革发展稳定工作的大局。针对这种情况，我们在认真学习《党章》及相关文件精神的基础上，紧密结合我院的特点，制定了《新疆建筑科学研究院基层党组织工作手册》，手册包含了《新疆建筑科学研究院党建工作目标管理及考核办法》、《新疆建筑科学研究院党风廉政建设责任制》、《新疆建筑科学研究院民主生活会制度》、《新疆建筑科学研究院"三重一大"决策规则》等办法。通过狠抓落实，使我院党的工作树立了"中

心"意识，强化了"服务"力度，从而为我院的中心工作——经济建设和科研工作提供了强有力的保证。

在企业管理上，通过学习外区的成功经验和做法，扬弃提炼出了适合我院特点的"三高三低"的管理目标和控制体系，即在企业的生产经营上做到"低成本、高效益"；在企业发展上做到"低投入、高产出"；在资本经营上做到"低投资、高回报"。建立以财务部门为主体的"综合管理、统一核算、成本总控制"的成本控制中心。加强全方位的考核力度，达到"事前成本有预测，事中成本有考核，事后成本有分析"的目的。真正使所建立的上述制度达到对成本管理的责、权、利相统一和向管理要效益的目的等等。

第三是技术创新。坚持以"科学技术是第一生产力"为指针，抓好自主创新能力建设，形成自己的"拳头"产品，为自治区区域创新能力建设贡献我们的聪明才智，造福全疆各族人民。如近年来我们研制出了"混凝土外加剂系列产品"、"外墙外保温聚合物干粉砂浆系列产品"、"外墙装饰保温板"以及各类防水材料等一大批与建筑业紧密结合的项目。这些成果就是我院科技进步和技术创新工作的结晶。

第四是市场营销创新。就是通过对我院所完成的项目定期按区域和行业分布进行科学分析，之后再据此结果，对来年的市场"出击"方向进行大略的框定。方法上则是按照"做市场"的策略，即变刚打入一个地区或一个行业时的"头回客"为日后可以长期据有的"回头客"。从而达到向区域和行业经济发展开拓生存空间、要效益的目的。

7.打造"新疆建科落实型文化"，切实做到以制治院。为应对全球经济一体化和知识经济带来的挑战，提高我院的综合管理水平和全体职工的综合素质，增强企业的核心竞争力，实现企业的可持续发展，经过不断学习和探索，近年来我院通过学习外来文化，归纳、总结和提炼出了一系列适合我院特点的企业文化，即(1)组织愿景：打造行业科技专家，创建一流科研机构。(2)组织使命：引领建设科技，承载行业未来。(3)组织核心价值观：诚实守信，追求卓越。(4)组织精神：否定自我、完善自我、超越自我、奉献

自我。(5)组织发展观:创建学习型组织,打造创新型团队。(6)组织管理观:以制治院;人性管理,文化育人。(7)组织技术观:科学严谨,求新创优,持续改进。(8)组织品牌观:诚信构筑品牌,科技提升价值。(9)组织人才观:品德胜于能力,能力决定岗位,无我成就事业(我院的人才标准是以德为先、"三商兼备"(即'3Q':①IQ〈智商〉;②EQ〈情商〉;③AQ〈逆境商〉);(10)组织服务观:中国理念,西方标准;客户至上,超值服务。(11)组织执业观:对己清正,对人公正,对内严格,对外平等。(12)组织学习实践观:既异想天开,又实事求是;既博学笃志,又先谋后事。(13)组织职能观:(高层管理者)做正确的事;(中层管理者)正确的做事;(执行层人员)把事做正确。(14)组织育人观:厚德载物,自强不息。

8.在决策前,采取集中"民"智的做法,目的是集全体职工的聪明才智为推动企业发展的"诸葛亮"群英智慧。领导干部只有多听善听兼听,才能了解信息、把握趋势、找准问题、科学决策,正确指导工作,积极推动实践,促进加快发展。工作中,我们要求领导干部首先要放下身段,广纳群言。小到每个员工的诉求,大到我院的年度工作安排,我们都是采取这种办法进行决策的。经过多年来的运行,我们基本上没有出现大的决策失误。

9.在思维上,做到"考虑问题全球化、处理问题本地化"。按照具体问题具体分析这一马克思主义的活的灵魂,做到"宏观不失控,微观要搞活"。确保组织发展决策内容的正确性以及决策结果实施后的有效性。

第四,发展

所谓发展,就是在前述三项内容及行为的基础上所要达到的目的,即通过发展,提高企业的核心竞争力。

经过上述努力,2010年我院经营规模(产值2.8亿元)是1999年的(0.27亿)10倍,职工收入大幅度提高。开创了建科院史无前例的辉煌。建科院的社会知名度和市场美誉度明显增强,取得了经济效益和社会效益的双丰收,企业的核心竞争力得到空前提高,组织的凝聚力得到前所未有的增强,职工队伍稳定,基本上做到了和谐发展。目前我院全体职工,正在以科学发展观精神为指导,应和着中建和中建新疆建工"一最两跨、科学发展"的进军号角奋勇而前行。

企业文化建设是个渐进的过程,每个企业因其所从事的经营活动内容以及开展服务活动时所具备的资质等级能力以及所承担的社会责任等因素的不同,企业文化个体也呈现出不同的特点或特色。如何打造自己的企业文化,就像对一个新生婴儿的抚养和教育一样,要想把孩子培养成为一个对社会有用的人,就要用前人或专家已经总结好的科学的育儿方法进行培育。在此过程中,因每个孩子个体的性别、性格、天分等因素的差异,培养方法也不尽相同。这就要求家长要从对孩子性格特质的规律性入手,不断进行总结,因材施教,再与前人的育儿方法有机结合起来,通过实践的"操练",总结出自己的育儿特点。待孩子进入青春期后,再根据孩子各个成长阶段的生理、心理及外部环境等情况,再对他(她)的成长历程进行科学设计。这样,或许会把你的孩子培养成为一个对社会有用的人。

以经济建设为中心是我们党的基本路线,除非发生外敌入侵,我们始终不能动摇以经济建设为中心。西方发达国家在国际事务中之所以敢颐指气使,无非是靠强大的经济实力。中国近百年来的血泪史告诉我们:没有经济的快速发展和综合国力的增强,国家不仅在国际事务中没有说话的权力,而且要受凌辱。世界社会主义发展的教训清晰地告诉我们,国家经济不发展,人民生活水平不提高,共产党的执政地位也必然会受到威胁,甚至丧失政权,因为这关系到民心的向背。但上述前提是建立在开放性的先进文化的基础之上的。因为我国的综合国力和GDP的增长,主要靠各级各类企业来支撑。我们作为社会细胞的企业对此要有个清醒的认识,要树立"国家兴亡,企业有责"的大局意识和历史责任感。只有这样,我们民族的经济才能得以快速稳健地发展。我们在国际事务中才有话语权,才能从实质上把科学发展观真正落到实处! ⑤

城市主流与中心

喻凡石

摘 要：本文基于城市中心区的概念，首先介绍国外城市中心的发展历程，其次详细回顾并分析了日本东京"多中心"城市发展模式的演变过程，指出东京"多中心"模式的形成原因，主要是为了减少对中心城区基础设施的压力，并且通过在中心城区之外创造新的就业中心来缩短通勤距离。然后分析了目前中国城市中心面临的现状与问题。通过系统介绍国外的城市中心区更新的发展历程以及所取得的成绩，并结合中国的实际情况，探讨对我国城市中心区更新的启示。

关键词：城市中心，城市，东京，更新，建设，交通，启示，理想城市

引 言

改革开放30年以来，我们的城市发生了翻天覆地的变化，每个城市都想寻求着自己的特色，却在经济潮流下趋于相同。置身于每个城市都有着似曾相识的感觉，均质化的城市已经使城市失去了魅力。正如上海世博会宣传口号：城市让生活更美好。我们的城市做到了吗？城市中心的发展可以说是城市发展的高度概括，我们可以再通过城市中心进一步反思我们的城市规划。

现在我们经常被一些政治和广告宣传所蛊惑，"世界级滨海CBD，奢享城市中心千亿繁华、珠江帝景：引领城市中心主流生活"等类似的广告随处可见。似乎每个新开发的商业中心和住宅小区都在追逐着城市中心的梦想，好像有一种一厢情愿的神话，只要我们拥有足够的金钱就能够打造所谓的城市中心，就可以恢复城市的活力，就可以为人们提供更美

好的生活。我们生活在政治家和资本家编制的美好谎言里，天花乱坠的广告语充斥于身边，却体会不出生活品质的实质性提高。相反，更拥堵的交通，更高的房价，更冷冰冰的城市，使人们的满意度日益下降。自从看了美国城市规划专家简·雅各布斯的《美国大城市的生与死》发现，我们现在经过的道路也正是西方五六十年前所经历过的，我们正在效仿美国的城市化、现代化过程中的一些做法，而这正是西方国家正在反省和检讨的。原本我们应该借鉴他们的经验教训，但我们仍在重复着他们的道路，并且更加疯狂，更加彻底。

30年我国城市中心区的更新有了很大的发展，比如以广场为代表的公共开放空间比比皆是，以文化中心、展示中心等为标志的形象工程遍布大江南北，以发展旅游之名做假古董拆真古建到处可见，我们的城市发展好像陷入了误区，我们更注重一些形式上的东西，我们在追求高大怪异。随之也暴露出了

一些问题：历史文脉遭到破坏、低收入住宅缺乏、动拆迁居民利益未能得到充分保障、危旧房屋密集地段的改造困境更为显露等等[1]。

现在每个城市都在打造着一个个的标志性建筑，这个运动的结果是想把它变成这个城市中心。但是否能成为一个真正的城市中心，这需要规划者的智慧和历史的考验。

城市中心是什么，我们需要什么样的城市中心，如何才能创造出理想中的城市，这正是本文所探讨的。下面先通过研究城市中心的发展历程及东京城市的发展来反思我们的城市中心问题。

城市中心的定义及发展历程

"城市中心是城市居民社会生活集中的的地方。城市居民社会生活多方面的需要和城市的多种功能，导致产生各种类型和不同规模等级的城市中心"[1]。

"城市中心区一般是指城市政治、经济、文化等功能的核心区域，它不仅是城市的中心，而且是区域的中心。城市中心区有不同的类型，一般有 Downtown、CBD（Central Business District）、CRD（Central Retail District）以及根据规划建设需要而划定的在城市中居于中间位置或是有中心性功能的区域。"[3]

尽管大多数人都认为自己知道城市中心区的涵义，但是对于这个名词并没有单一的社会经济学和地理学上的定义。我更趋向于把它认为成一个市民进行公共活动的地方，它可以是商业中心、政治中心、旅游中心、金融中心等。它存在的实质是为了服务于生活在周边的市民，它应该是开放的、多元化的。

古代城市的中心往往以行政、宗教活动为主，附带有部分的商业活动，形成当时的市政中心。它的典型布局形式是由市政、宗教等建筑围成一个中心广场。如古希腊城市中的中心广场，一般以当地的衙署及其前庭构成城市的行政中心，城市中的寺庙及其前庭则成为市民进行宗教和商业活动的公共中心。随着城市经济、社会活动的发展，城市功能日趋多样化、复杂化，因而现代城市往往需要有政治、经济、文化、金融、商业、信息、娱乐、体育和交通等各种活动

的中心。世界一些著名的首都如北京、巴黎、华盛顿、莫斯科、东京等城市的中心区，都是功能明确、布局紧凑，并具有独特风貌和艺术特色的。

任何一个城市都有中心区，通常是城市最古老的一部分。北美城市的中心区最初多以商业、金融、购物等职能为主，而今，这些功能仍是城市中心区的主要特色。大多数商业、服务业、零售业、各大公司的总部都集中在这里，因为这些行业比其他行业更需要面对面的交往。在北美大城市中心区，有一种情况显而易见，即人们在这里进行的任何一项活动都是以步行起始并结束，即使在现代化的汽车时代也是如此。人们驱车前往市中心，或购物，或消闲，或谈生意，或寻求某种服务，总是把车停放在靠近目的地的停车场，然后步行前往目的地。因此，大城市中心区步行街区建设的好坏对中心区的繁荣具有重要作用；伦敦在城市中心区发展上，与北美城市截然不同，受欧洲注重保护城市中心历史风格的传统影响，形成了城市中心、内城区、郊外新兴商务区的多点发展的新模式；巴黎城市中心区在保护历史风格的同时，通过整体规划在郊外新建中央商务区，为城市发展提供必需的商务功能支撑；东京城市中心区近几十年一直面临商务办公供应短缺的巨大压力。东京中心区的发展模式采用了老中心区与多个新中心区分层次并进的策略以适应快速城市化的发展需求。但从世界城市发展的历史来看，城市中心区由于受经济、文化和政治等因素的影响经历了不同的发展过程[4]。

国外城市中心发展状况

在世界各国，城市化进程的推动直接导致经济活动日益向大城市集中，带来了大城市规模的迅速膨胀，城市空间不断蔓延，引起了一系列全球性的社会问题，如人口密度不断增高、交通拥挤、住房短缺、就业困难、工业污染严重等。城市化的迅速膨胀，一方面带来了城市中心区商业和文化活动的繁荣，但也带来一系列社会问题，如交通拥挤、烦躁等。另一方面，城市规模的扩大，交通、通信设施的

发展，大量人口、商业活动外移，出现郊区化，导致中心区衰落[5]。

东京这一特大城市在形成过程中，也面临过同样的矛盾和问题，但它通过规划和发展演变，逐渐形成了独特的"多中心"模式，有效地化解了这些问题。二战后随着经济复苏和城市人口的继续增长，在政府的推动下，制定了首都圈发展规划。与伦敦那种核心城市形成鲜明对比，东京决定建立多中心城市发展模式——卫星城镇间隔着绿化带的发展模式，就是要将经济发展从过分拥挤的核心分散到外部边缘，东京准备建造一种"多极"或"多中心"的都市风格。为解决东京CBD地区功能过分集中而造成的许多大城市问题，如交通、住宅和环境等问题，东京从1970年代开始构思"多极城市结构"。1970年初期，首先有人提出一个"两极都市"的规划，即在原都市中心的西部远郊，建设一个新的中心业务区域。这个提议随后在1980年的《我们的东京城规划》和1991年的《第三次东京长期规划》中演变为"多极都市"模式，其基本观点就是东京周围除了多摩地区的业务核城市之外，还要环绕三大新的"业务核城市"，这些核城市将发展成为主要的就业和服务副中心以缓解东京都心的发展压力，并构建出一个多核的都市结构，从而将以前形成的东京中心地区的一级依存型结构改为多核多圈域型地域结构[6]。

东京城市的规划和建设始终贯穿着一个理念，即多核的都市结构。这种"多中心城市"发展路径，主要是为了减少对中心城区基础设施的压力，并且通过在23个中心城区之外创造新的就业中心来缩短上下班的路程。东京的副中心作为东京圈的业务核城市，分担了大都市的部分功能，成为分散在东京圈各区域的大都市功能区。副中心城设置了与生活服务有关的各种设施，如中央图书馆、大剧院、文化中心、提供高级福利的生活设施，以及地方需要的各种生活信息等，还创造象征着该城市特点的景观，提供能举行各种活动和比赛的场所。同时，在交通功能方面，敷设城市高速道路，形成了各地方区域与广域交通设施紧密相连的新交通系统[7]。

通过对东京的分析研究，它的规划和发展可以为我们的城市中心发展提供非常有益的启示。

中国城市中心发展现状

目前，我国的很多城市等正处于城市的快速扩张阶段，城市中心区的发展不容乐观，出现了诸如交通拥堵、环境恶化等一系列问题。

一是城市中心区的交通拥堵问题。虽然城市中心道路及相关交通设施建设稳步增长，但以小汽车为代表的交通需求增长更为迅速，导致城市交通拥堵状况仍呈恶化趋势。就北京而言，交通全面紧张的区域是在三环路以内及其附近200多平方公里范围内的城市中心区。交通的拥堵无疑加剧了人们的生活和工作压力。

二是在有些地方以政府为主导的中心区开发，常使城市行政中心等成了中心区的主角或甚至成了中心区替代品。中心区固然可以包含行政功能，但比重过大、单一化的行政功能必定使城市形象表情严肃、性格孤立，使中心区失去应有的多样与活力。CBD也不是中心区的真正内涵，虽然可以给人以一定的中心区视觉形象冲击，但CBD与市民百姓的日常生活又有多大关系呢？对于真实城市生活，好的中心区既要有大饭店也要有小吃街，既要有音乐厅也要有说书场，只有多样化的结合才会吸引人[8]。

三是规划理念问题。中心区当然需要具备城市重要景观的特质，但过于注重景观等外在因素，常使中心区变成貌合神离的"城市客厅"。在市场经济日益发展的当今，中心区应充分体现作为经济发展的重要载体，即注重土地的高效集约利用，尽管有"城市客厅"的需求，但中心区却应是城市开发最为密集的地区。目前中心区规划理念普遍存在过度形象化的倾向，而形象的表达也不容乐观，随处可见的是大而不当的广场、冷漠的建筑表情和缺乏活力的环境。精英式规划有时将有失偏颇的理念强加给了城市和民众，其实并不了解城市和民众需要什么、喜欢什么？城市中心区建成什么样应该多听听使用者的意见[9]。

对国内城市中心区更新的启示

尽管东京和中国的城市中心区更新面临着各自不同的经济和形态的问题,但无论从其各自的发展历程还是所采取的方法手段上都有着共通之处。东京城市中心区建设的例证以及现代城市中心区的功能特征对我国城市中心区的建设有着重要的借鉴和启示:

一是要发展多中心的城市。推进以中心核为主的都市居住并强化核城市周边的居住功能,实现以减少环境负荷为目标的离工作地就近居住的都市构造。中心功能的单一性已经给北京带来了越来越多的问题,人们工作办公的地方集中在城市的四环之内,而绝大多数住宅却位于城市的四环之外,这无疑加剧了城市的道路交通压力,并且给人们生活带来了相当大的不便。但我们好像仍在延续着这样的错误,CBD还要扩建。我们需要的是一个多中心的城市,人们工作生活在一个中心的周围,他们不需要奔波于整个城市。

二是要做好城市中心的设计。现在城市很多地方都是由大量相对封闭的单元组合而成,各元素之间缺乏联系。我们要通过城市中心的设计协调城市具有独立价值的各元素之间的关系,创建多功能的中心区。成功的中心区可以向市民提供更多选择性的居住、工作、购物、文化娱乐、管理和旅游设施。所以中心区应以满足全体市民和外来游客日常生活多样化活动需求为主,行政办公等不应成为城市中心区的主角,这是许多城市在以行政中心建设为先导的情形下发展中心区需要注意的。

三是要把城市中心的建设作为一个长期的过程。首先要进行深入的研究,城市的发展是不能急功近利的,不能陷入拔苗助长的状态。什么"三年建一个新城"这种目标太惊人了,一旦犯错甚至连改错的机会都没了。现时的多数城市由于急于带动土地的大规模开发,有时在连基本的交通支撑都没有甚至于没有总体发展框架的指导,就盲目启动中心区建设,结果是所谓的中心区大大游离于城市整体发展之外,造成建设发展的极度低效和浪费。

后 记

"在城市建设和城市设计中,城市是一个巨大的实验室,有失败也有成功。在这个实验室里,城市规划本该是一个学习、形成和实验其理论的过程。但恰恰相反,这个学科的实践者却忽视了对真实生活中的成功和失败的研究,只是遵循他们想象中城市的行为和原则;他们费尽了心思去学习现代正统规划理论的圣人曾经说过的话,如城市应该如何运作,他们对这些思想如此投入以致当碰到现实中的矛盾威胁要推翻他们千辛万苦学来的知识时他们一定会把现实撇在一边。"[10]

我们都想建造一个理想的城市,但是到最后却难以实现。这是为什么呢,我们面临的困惑是:用来评价或者衡量城市的标准是什么。或许不同的人有不同的观点。

参考文献

[1]耿慧志,杨春侠.城市中心区更新的观念创新[J].城市问题,2002(3).

[2]李德华主编.城市规划原理[M].北京:中国建筑工业出版社,2006.

[3]吴伟仪.国外城市中心区的更新和启示[J].建材与装饰,2008(4).

[4]范云芳.国外城市中心区发展模式及对西安的启示[J].新西部,2009(4).

[5]王小莹.部分国际大都市新城建设之启示[J].当代世界,2008(2).

[6]虞震.日本东京"多中心"城市发展模式的形成、特点与趋势[J].地域研究与开发,2007(10).

[7]吴伟仪.国外城市中心区的更新和启示[J].建材与装饰,2008(4).

[8]杨保军,王富海.城市中心区规划与建设[J].城市规划,2007(12).

[9]杨保军,王富海.城市中心区规划与建设[J].城市规划,2007(12).

[10](加)简·雅各布斯.美国大城市的死与生[M].南京:译林出版社,2005.

连载二

当代工程经理人50切忌

杨俊杰

(清华厚德工程管理研究中心主任，北京 100084)

(3)切忌报价不实

"实事求是"是颠扑不破的真理！投标报价最终要落实在这个"实"字上，古今人对此认知都有充分性。投标价格是工程项目合同谈判成败的基础，是投标书组成的核心部分，招标书常常写明不以最低价格为中标依据，但事实是国内外的工程项目中标价格几乎全部是最低价中标。因此，组织精干、专业、有力的报价班子是当务；调查市场价格动态，研究市场价格行情为次；结合本公司实际，制订一套适合的适宜的企业内部的工程单价显得突出是其三，为此设置各种工程类型的数据库十分必要。另，对外报价也应有"狡兔三窟"的降价套路的策略(如降价底线、降价条件、多方案报价、优惠建议、免费服务、使馆帮助、折扣种种、加入中介、联合投标)以应雇主选择万变。这里还要提出，培养本公司自己的得力的对外谈判专家也是欧美跨国公司常常采用的重要举措。

(4)切忌管理不善

现代理论公认的常识认为 "管理是重要的生产力：生产力=科学技术 X(劳动力+劳动工具+劳动对象+生产管理)"(周有光著《朝闻道集》第 29 页)。管理是企业的灵魂，没有一流的管理，何谈企业的可持续发展。企业全员都应关注集团公司的管理，学会、熟用现代的先进的管理理念、工具、手段、方式和方法。特别在工程项目的质量、安全和风险等方面下工夫。达到零缺陷、无事故、破风险等交付业主。现代社会的发展趋势是社会分工越来越明确越精细，专业隔离越来越明显，隔行如隔山的情形越来越普遍；另，现代社会生产却越来越要求复合型的人才，即常说的 T 型人才。单纯的具有管理技能，或是单纯具有工程技术的人才已不适应工程管理的潮流。工程管理需要具备管理学、经济学和土木工程技术的基本知识，掌握现代管理科学的理论、方法、工具和手段，能在国内外工程建设领域从事项目决策和全过程管理的复合型高级管理人才。工程管理者要学的不仅仅是一种管理的思想，还要求有一定的工程背景和数学知识。应明白一个基本的等式就是"工程管理=工程技术+经济管理"，这就要求掌握几个基本技能：1.以土木工程技术为主的理论知识和实践技能；2.相关的管理理论和方法(工程经济理论、相关的法律、法规，外语交际能力)；3.具有运用计算机辅助处理工程管理问题和工程管理信息化的能力；4.具有较强的工程管理科学研究能力。总的来说，工程管理还是偏重于管理科学，它涵盖了工程项目管理、房地产管理经营、工程费用管理(投资与造价)、国际工程承包、工程项目咨询、工程项目施工、房地产开发与经营等相关工作。专业覆盖面宽广大、高精尖。

(5)切忌用人不妥

人才是企业制胜的第一位因素。树立现代化的人才观，人才观是指关于人才的本质及其发展成长规律的基本观点。在进行人才培养、教育、使用、考核、引进、测试等方面工作中，都受到人才观的影响，对于人才作用的发挥至关重要。人才观的首要是分析人才的特征。一般而言，人才的本质特征主要有以下几点：有专业才能；有独到的远见卓识；有较强的开拓、创新能力；综合素质表现非同一般，等等。此外，研究这些特征如何培养，不同的人才观会得出不同的结论。"人才高下，视其志趣。"这是衡人的一个重要法则，志趣低者安于平庸不思进取，浅陋陈规日益趋下。志趣高者仰慕大目标崇隆行事，日益变得聪慧高明建功立业，成为集团公司蓬勃发展的骨干栋梁。俗语：人兴企旺，人衰业败。就反映了人力资源是第一位生产力要素的言简意赅。"一年之计，莫如树谷；十年之计，莫如树木；终身之计，莫如树人"，这是表达培养德才双全的长期战略意义。司马迁《史记.仲尼弟子列传》："吾以言取人，失之宰予；以貌取人，失之子羽。"俗语"以貌取人，失之千里"，"包子有肉不在褶上"指要看其人的实力，"此辈只堪林下见，不宜引入画堂前"(李昌龄《乐善录》)是告诫选人用人之理：层次论。据此，集团公司应广泛吸纳和建立各类各专业的专家人才库以备选用。

(6)切忌有效沟通不力

沟通是工程项目实施不可或缺的一道风景。据不完全统计，大多数项目经理人都将90%以上的时间忙于某些方式的促进有效沟通，其中半数用于团队内部。所谓有效沟通，是通过听、说、读、写等思维的载体，采取书面的、口头的正式的、非正式的、垂直的、水平的、会见、对话、研讨、备忘录、电子信件等方式准确、恰当地表达出来，以促使对方共鸣接受。有效沟通须具的必要条件，一是信息发送者清晰地表达信息的内涵，以便接收者能确切理解；二是重视信息接收者的反应并据其反应及时修正信息的传递以免误解。有效沟通能否成立关键在于信息的有效性：即，信息的透明程度。另，信息接收者也有权获得与自身利益相关的信息内涵。信息的反馈程度。有效沟通是一种动态的双向行为，只有沟通的主、客体双方都充分表达了对某一工程管理问题的看法，才具备有效沟通的意义。沟通是工程、技术、人文和社会科

学的混合物，是企业管理的有效工具。沟通还是一种技能，是一个人对本身知识能力、表达能力、行为能力的发挥。其重要性主要表现在：1.准确理解公司决策和经营目标，化解工程管理中的矛盾。沟通的过程就是对决策的理解传达的过程。对决策和目标表达得准确、清晰、简洁是进行有效沟通的前提，而对决策和目标的正确理解是实施有效沟通的目的。在决策和目标下达时，决策者要和执行者进行必要的沟通，以对决策和目标达成共识，使执行者准确无误的按照决策和目标实施执行，免除因为对决策和目标的曲解误识而造成执行失误。一个企业的群体成员之间进行交流包括相互在物质上精神方面的帮助、支持和感情上的交流、沟通，是联系企业共同目的和企业中协作的个人之间的桥梁。同样的信息由于接收人的不同会产生不同的效果，信息的过滤、保留、忽略或扭曲是由接收人主观因素决定的，是他所处的环境、位置、经验、教育程度等相互作用的结果。由于对信息感知存在的差异性，就需要进行有效的沟通以补偿弥合其差异性，并减小由于人的主观因素而造成的时间、经济上的损失。准确的信息沟通无疑会大大提高工作活动的效率，使之舍弃一些不必要的工作环节，以最简洁、最直接的快速方式取得理想的工作效果。为了使决策和目标更贴近市场变化，企业内部的信息流程也要分散化，使组织内部的通信向下一直到最低的责任层，向上可到高级管理层，并横向流通于企业的各个部门、各个群体之间。在信息的流动过程中必然会产生各种矛盾和阻碍因素，只有在部门之间、职工成员之间进行有效的沟通才能化解这些摩擦及矛盾，使工作顺利进行。2.是从表象问题过渡到实质问题的手段。企业管理讲求实效，只有从问题的实际出发，实事求是才能解决问题。而在沟通中获得的信息是最及时、最前沿、最实际、最能够反映当前工程项目经营管理工作状态的。个人与个人间、个人与群体间、群体与群体间开展积极、公开、透明的沟通，从多角度看待一个问题，那么在管理中就能统筹兼顾，未雨绸缪。在许多问题还未发生时，管理者就从表象上看到，经过研究分析，把一些

不利于企业稳定的因素扼杀掉。有效沟通应注意的三原则:一是强调沟通的目的明确性。通过交流,沟通双方就某个问题可以达到共同认识的目的。二是强调沟通的时间性概念。沟通的时间简短,频率加速,在尽量短的时间内完成沟通的目标。三是强调沟通的人性化作用。沟通要使参与沟通的人员认识到自身的价值。只有心情愉快的沟通才能达到双赢的理想目的。至于有效沟通手段应根据实际情况采取不同的方式方法,进行工作情况通报以使各部门之间相互了解,解决信息不畅之困扰;安排形式不同的小聚以使相互之间更加畅所欲言增进感情。有效的沟通技巧一般包括:1.从沟通组成看,沟通的内容,即文字;沟通的语调和语速,即声音;沟通中的行为姿态,即肢体语言。沟通中应该是更好地融合好这三者。2.从心理学角度,沟通中包括意识和潜意识层面,有效沟通必然是在潜意识层面的,有感情的,真诚的沟通。3.沟通中的"身份确认",针对不同的沟通对象,如上司,同事,下属,合作伙伴等,即使是相同的沟通内容也要采取不同的声音、姿态和处理行为。4.沟通中的肯定,即肯定对方的内容,不仅仅说一些敷衍的话。通过重复对方沟通中的关键词甚至把关键词语经自己语言的修饰后回馈。这会让对方觉得他的沟通得到您的认可与肯定。5.沟通中的聆听。聆听不是简单的听就可以了,需要您把对方沟通的内容、意思把握全面,这才能使自己在回馈给对方的内容上,与对方的真实想法一致。有很多人属于视觉型的人,在沟通中有时会不等对方把话说完,就急于表达自己的想法,结果有可能无法达到深层次的共识。"真者,精诚之至也。不精不诚,不能动人。"(庄子《渔父》)是说真诚是人与人沟通相处的基本准则。

(7)切忌项目没有选好

其突出表现为缺乏"三性",即可靠性、科学性、可行性。可靠性指信息来源有国家或相关部门的立项批准文件,具有可信度;科学性指对本项目有充分的的调查研究报告,包括几十项或上百项的针对工程项目目标的现场调研提纲;可行性指根据可研报告和本集团公司的人财物状态实施有利可图。此点唯一可靠的解决办法是组织精干专业的项目调研班子赴工程项目现场,进行全面、人财物全方位的考察。特别指出的是,对非可靠性、非科学性和非可行性的信息判别,应当引起高层管理者和经理人的高度重视拿捏和及时果断处理。遴选项目时的当事人必须全心、精心、耐心,不能马马虎虎、迷迷糊糊、模模糊糊,提出来的项目遴选报告有感动力说服力,精辟超强敢于承担责任。谚语《马上摔死英雄汉,河中淹死会水人》,寓意着自负本领高强的人,往往会因疏忽大意甚至某个细节没有注意到,造成选择工程项目不当的后果的深刻道理。总之"买金须问识金人",严格通过一定的程序、流程、制度,作出项目决策与否就不会出现大问题。但,影响项目选择的政策和重要因素是必定要考虑到的。国际金融学家的口头禅是"好项目不如好政策。"其直接因素:一是市场竞争态势。可用"态势分析法(SWOT)",根据涉及到的项目信息作出判断。二是通过势力分析,重新再认识选择该项目的利弊。所谓势力分析的基本内容,是比较和衡量选择该项目的推动力与阻碍力的大小程度,其指标可包括组织内部高层领导的支持度、班子成员的情绪、职能部门的观点、多数职工的看法、利害干系者的期望度、消极者的数目等,由此可揭示出项目选择的正确与否并作出决策。三是还要考虑项目选择的付出代价。是否把有限的人财物资源投入到举足轻重的备选项目方案上,这是至关重要的"有所为,有所不为"思想的一项因素。

(8)切忌缺乏项目培训

项目培训泛指工程项目管理培训。是对工程项目管理者和进行现代项目管理理念、体系、流程和方法的教育培训活动。其目的是通过培训,使之具备系统思维、战略思维的主动意识,改变管理习惯,降低随意性和不确定性,大幅度提高工作效率。工程项目是具有目标、期限(起点与终点)、预算、资源约束与资源消耗以及专门组织的一次性独特任务。项目管理指把各种系统、方法和人员结合在一起,在规定的时间、预算和质量目标范围内完成项目的各项工作。培训体系包括:人力资源开发、工程项目管理体系、绩效考核与项目经理测评以及培训效果转化评价等。战略项目管理是站在组织高层管理者的角度对组织中的各类任务实行项目管理,是着眼于组织(地区)整体战略目标的实现,从战略到项目群,从项目群到项目,是以项目为中心的长期组织管理模式。管理的项目化是压缩日常工作比重,按项目配置资源。是以目标为导向,组织各项业务成为一种多项目组合,所有项目构成组织业务内容并支持组织发展,是现代项目管理理念、体系、流程和方法的普及。项目管理培训目前最流行的证书是PMP和IPMP,前者是美国项目管理协会PMI颁发,后者是国际项目管理协会颁发。就经理人的胜任力层面讲,这是工程项目管理培训的主题,不容置疑,提升各级次的工程管理胜任力是一项不间断的、连续性的、长效战略性的重大工作任务。这是由工程项目管理理论发展、管理方法不断更新、操作工法技能层出不穷等决定的。根据集团公司的实际情况建立健全适合本单位的基本胜任力模型,是有效培育经理人才、专业技术人才和各类专家人才的路径。

(9)切忌合同管理不严密

工程界众所周知,冠居工程管理之首的合同管理指合同履约全过程管理,是履约实施执行合同的核心问题,也是一个工程项目成败、效益好坏、考核企业的竞争力和执行力的重要指标。它包括合同前期管理、合同履行管理、合同过程管理、合同监控及考评管理、合同责任与奖惩等制度化、系列化、规范化。国内某些大公司为此专门制定了工程施工合同管理制度及其细则,规定了二百余条款及表格化的管理工具和方式方法,有效的严谨、严格、严肃地控制了合同实施,取得了利好效果。可见举合同管理而工程管理可尽赅也,业者应尽其所能在合同管理的刚(如合同管理制度)、柔(如中西文化对比)两个方面下足功夫,对合同条款所涉及的法律和经济等

细节化的方方面面,精雕细刻融会贯通义理清晰,理所当然必生经济效益、环境效益和社会效益等丰硕成果。这也是我们中国公司在国际工程中与发达的国际跨国公司市场竞争力最大的差距之一,特别需要业内经理人深刻思考和奋力追赶而超越之点。为此,我们必须对主要发达国家的合同格式和有针对性的工程项目所在国家地区的合同格式等及其相关法律法规"吃透"得"滚瓜烂熟","活学活用"不出纰漏!要达到合同管理的双赢成果,必须建立健全适宜本项目的合同管理一套系统性工具、技术、措施和制度,以保证满足合同实施中的合同要求。

(10)切忌施工质量不高

集团公司有一句口头禅:质量是企业的生命线,质量重于泰山!企业所有成员必须牢固树立质量观念,为业主、业主、再业主的观念,必须下大力气吸纳国内外先进的质量管理理论和经验,大幅度提高产品质量和服务质量,树立起"质量一流"的良好形象及影响力,把企业本身的"质量环"建设好、维护好。质量环概念是欧美日的集团公司所具有的一项全面管控施工质量的重大的行之有效的理论方法。它原则上可从总部至下属二级公司规定工程质量的责权利的范围,强化了对施工质量管控效应。除一丝不苟严格执行建设部颁布的《建设工程施工质量检验标准外》,国际组织ISO及欧、美、日等发达国家都有一套行业或不同专业的工程质量标准,很值得参照借鉴。尤其是关于质量环的概念和功能以及美国朱兰质量手册中相关工程质量流程和日本的工程项目质量理论、控制手段、工具、方式方法等,极具参考价值、实用价值、甚至于操作价值。完全可以采取"拿来主义"的办法在决策层、管理层、操作层的不同级次上运作。孔子在两千年前就说过"用器不中度不鬻于市。"他认为质量不合格是违犯法律的,今天的人们当为自己劣质产品而羞愧无地自容。根据合同规定而制定的质量管理规划,还应该在质量保证的工具、技术、措施和审计方面落实,以使质量保证取得理想的成果。